KB008326

수학의 원리 철학으로 캐다

대수학자 김용운 교수의 창의력 수학

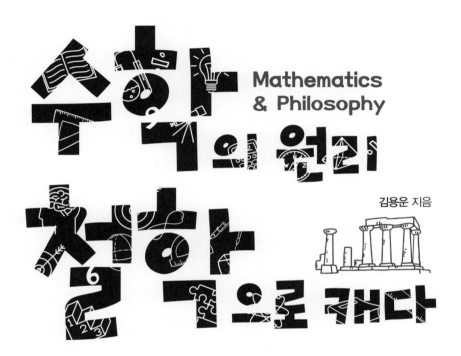

Mathematics & Philosophy

수학의 원리 철학으로 캐다

김용운 지음

수학을 알아야 **세계**를 **이해**하고
철학을 알아야 **수학**을 **이해**한다

상수리

철학으로 캐는 수학의 뿌리

"수학을 왜 배울까요?"

간혹 학생들이 묻곤 한다. 이 물음에 교사, 학부모, 심지어는 전문 교수들 중에서도 제대로 답할 수 있는 이는 없다. 이 단순한 질문은 대수학자 유클리드조차도 답하지 못하게 한 어려운 문제다. 유클리드는 이 질문을 한 제자에게 "너는 실용적인 것만을 배우려고 하는 거냐? 바보 같은 놈!"이라고 호통을 치며 내쫓았다. 그는 실용성이 없더라도 수학을 배워야 하는 이유를 제자에게 설명했어야만 했다.

외국 언론에서는 "대한민국의 학생들은 게임에 시간을 낭비하지 않고 수학과 과학, 외국어를 공부하면서 경쟁력을 키운다"며 우리의 교육열을 칭찬한다. 세계에서도 열심히 공부하는 한국 학생들의 모습은 이미 유명하다. 하지만 대한민국에서는 노벨과학상, 필즈상 수상자를 단 한 명도 배출하지 못하고 있다. 문제는 창의성에는 관심이 없이 대학입시 준비에 치중하는 교육 풍토 때문이다. 수학교육 개혁의 소리는 높지만 무엇을 어떻게 개선해야 할지 몰라 시행착오만 거듭해 오는 것 역시 안타까운 현실이다. 시험공부에 시달리느라 '진짜 수학이 무엇인가'에 대해 생각할 여유가 없는 학생, 교사, 학부모에게 그 답을 제시하기 위해 필자는 이 책을 썼다.

이 책에는 평범한 중학교 2학년인 돈아가 인공지능 '매소피아'와 함께 '수학이 무엇인가'의 답을 얻기 위해 떠난 여행기가 담겨 있다. 수학꼴찌였던 돈아는 이 여행을 통해 스스로 생각하는 일을 즐거워하는 학생으로 성장해간다. 지금까지 배운 수학을 뿌리부터 정리하고, 인간의 정신 성장과 문명의 관계를 이해할 수 있도록 심혈을 기울였다.

'수학을 왜 배우는가?'에 대한 정답은 '철학의 뿌리에서 핀 꽃이기 때문'이라고 생각한다. 그렇다면 '철학이란 무엇인가?'라는 물음이 또 생긴다.

철학이란 정확하게 생각하는 것이다!

생각하는 것은 곧 창조력이며 그것 없이는 문화도 있을 수 없다. 수학이 발달하면서 수학의 꽃이 너무 커져서 이제는 오히려 그 뿌리를 내려다보지 못하고 있는 것이 작금의 슬픈 현실이다.

수학의 참맛을 잃은 학생들이 '진짜 수학 학습법(사고법)'을 익히고 '창조적 인간이 되어가는 길'을 알게 하는 것이 이 책의 목표다. 학생은 잃어버린 수학에 대한 호기심과 의욕을 되찾고, 막연히 입시에서 중요한 과목이니까 그냥 열심히 문제를 풀어야 한다고 가르치는 교사는 수학의 교양과 매력을 느껴 재미있게 수업하는 풍요로운 교수법을 생각하게 될 것이다.

50년 전부터 수학 대중화 운동을 외치며 호기심 중심의 수학을 주장해 왔던 필자는 결국 수학의 지름길은 철학으로 깨우는 일임을 알게 되었다. 독자 여러분도 함께 즐기길 바란다.

김용운

 차 례

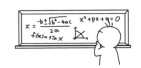

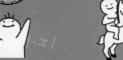

1장
수학 꼴찌, 철학 여행을 떠나다!
숫자 0은 어떻게 생겨난 걸까?

수학 꼴찌의 돌파구

기다리고 기다리던 여름방학이다. 지긋지긋한 국영수, 징글징글한 학원과도 당분간 안녕! 친구들과 워터파크에도 가고, 놀이공원에도 가고, 학교로부터 드디어 해방이다. 스트레스야, 잘 가라.

나는 침대에서 떨어지며 잠에서 깼다. 제길, 꿈이었구나. 나는 자리에서 일어나 다이어리에 빼곡하게 적힌 여름방학 계획을 들여다본다. 한숨이 절로 나온다. 지금쯤 영호는 워터파크에서 토네이도 슬라이드를 타고, 민철이는 해운대의 노란 파라솔 아래 누워있을 텐데.

'하아, 생각을 말자. 다 내 잘못이잖아.'

나는 고개를 가로저었다.

"이번에도 꼴찌하면 산 속에 있는 수학박사님한테 보내버릴 줄 알아."

1학기 기말고사를 앞둔 내게 엄마는 경고했다. 중학교에 들어와서 수학시험을 볼 때마다 계속 꼴찌만 했으니 그런 말을 듣는 게 어쩌면 당연하다. 하지만 나도 할 말은 많다. 하루에 두 시간씩 꼬박꼬박 수학 공부를 했다. 수학문제집이 새까매지도록 예상문제를 풀고 또 풀고. 그런데도 막상 시험지만 받으면 눈앞이 어지러웠고, 숫자들은 허공으로 날아다녔다. 외운 공식들은 하나도 생각나지 않고, 문제들은 처음 본 것처럼 낯설기만 했다.

수학 울렁증! 이 정도면 중증이었다. 예전에는 수학을 곧잘 했는데, 중학교에 올라온 뒤로는 도무지 뭐가 뭔지 알 수가 없다. 어디서부터 잘못된 걸까? 누가 해결책을 알려주는 것도 아니고, 혼자서 끙끙거려봤자 달라지는 것도 없다. 선생님들은 '넌, 노력 부족이야!'라고 말하지만 속으로는 '넌 틀렸어'라고 생각하고 있을 거다. 엄마는 항상 '학원이 문제야, 학원을 바꿔야 해' 하며 대치동 학원 전단지만 들여다본다. 1학기 기말고사도 망쳤다. 또 꼴찌. 크아앙! 하지만 엄마가 나를 이런 깊은 산 속으로 보낼 줄은 꿈에도 몰랐다.

"이게 다 그 바보 같은 수학 때문이야."

홍학동 수학탑

나는 지금 엄청나게 높고 긴 건물 앞에 서 있다. 건물은 하늘을 향해 위로 높이 솟아 있는데, 어림잡아 10미터는 넘어 보인다. 모양은 경주에 있는 첨성대를 꼭 빼닮았다.

벽돌로 된 외벽은 무성하게 자란 담쟁이덩굴로 뒤덮여 창문이 몇 개인지조차 가늠할 수 없었다. 높이 솟은 지붕을 올려다보고 있으니 목에 근육통이 올 것 같다. 뾰족한 굴뚝이 양쪽으로 두 개가 있는데 마치 동물의 귀처럼 보였다.

딩동! 초인종을 누르자, 스피커를 통해 기계음이 들려왔다.

"가장 작은 소수부터 다섯 번째 소수까지 차례대로 누르세요."

당황한 나는 스피커에 입을 가까이 대고 소리쳤다.

"박사님, 저 서울에서 온 돈아예요."

잠시 후 목소리가 다시 들렸다.

"틀렸습니다. 가장 작은 소수부터 다섯 번째 소수까지 차례대로 누르세요."

"저라니까요, 박사님. 홍, 돈, 아!"

나는 소리쳤지만 똑같은 대답만 돌아올 뿐이었다. 좋아. 시작부터 해보자 이거지. 나는 가방을 내려놓고 검지에 힘을 주고 버튼을 꾹꾹 눌렀다.

"1, 2, 3, 5, 7."

그러자 곧바로 기계음이 흘러나왔다.

"틀렸습니다. 가장 작은 소수부터 다섯 번째 소수까지 차례대로 누르세요."

'뭐야, 바보 같으니. 제대로 눌렀는데.'

다시 한 번, 조금 전보다는 더 세게 버튼을 눌렀다.

"1, 2, 3, 5, 7."

하지만 똑같은 대답이 되돌아왔다.

"이런 멍청이."

나는 화가 나 소리쳤다.

"가장 작은 1부터 순서대로 맞게 눌렀는데. 고장 났네 고장 났어. 하긴 기계라고 다 알파고는 아니니까."

문을 두드리고 소리를 질러봤지만, 여전히 대답은 없었다. 나는 바닥에 주저앉아 곰곰이 생각에 잠겼다.

'소수는 1과 자신만을 약수로 갖는 수인데. 그렇다면 1은 소수가 아닌 건가?'

혹시나 하는 마음으로 "2, 3, 5, 7, 그리고 11!"의 버튼을 눌렀다. 그 순간 스르릉 소리를 내며 문이 열렸다.

'멍청이. 바보는 나였구나.'

나는 머리를 긁적이며 문 안으로 들어갔다.

간단한 정의에도 깊은 의미가 있다

"드디어 왔구나, 돈아야!"

박사님은 두 팔을 벌리고 나를 향해 성큼성큼 다가왔다.

"반갑구나. 내가 바로 홍학동 수학박사란다."

나는 아무 대답도 하지 않았다. 왠지 무시당한 것 같기도 하고 홀대받은 것 같기도 해서다.

"그런데 말이다, 1이 소수가 아니라는 건 초등학생도 알지 않나? 머리를 싸매고 끙끙댈 문젠 아니었는데."

"1은 자기 자신인 1 외에는 약수가 없으니까 소수가 맞다고 해 줄 수 있는 거 아닌가요?"

나는 꺼져 들어가는 목소리로 중얼거렸다.

"노~노~노. 절대 그렇지 않단다, 돈아야."

박사님은 미간을 찌푸리며 말했다.

"정의를 얼버무리듯 이해하고 문제에만 매달리면 수학을 절대 잘할 수 없어. 수학은 정의를 정확히 이해하고 스스로 탐구해야만 그 원리를 깨달아갈 수 있는 학문이지."

수학을 공부하는 나의 평소 스타일을 들킨 것만 같아 왠지 부끄러웠다.

"봐라. 너는 이 연구소에 오기 전까지 소수에 대해 기계적으로 암기만 하고 있었어. 그렇지? 그렇다고 주눅 들 필요 없다. 대한민국 대부분의 중학생이 그러고 있으니까. 매소피아!"

박사님이 갑자기 소리치자 '네'라는 대답과 함께 한쪽 벽이 환해지면서 커다란 모니터 화면이 나타났다. 화면 속에는 수만 개의 하얀 레고블록 같은 것들이 입체적으로 쉴 새 없이 움직이며 모양을 바꾸고 있었다.

"1이 왜 소수가 될 수 없는지 그 이유를 설명해주렴."

"네. 소수란 1과 자기 자신의 수로만 나누어떨어지는 수로 정의됩니다. '자연수는 반드시 한 가지 방법으로 소인수분해가 된다'는 수의 기본정리에 입각한다면, 1이 소수가 될 수 없는 건 명백해집니다. 가령 '$6=2\times3$'이고, 순서를 무시하면 기본정리와 같은 소인수분해밖에 없습니다. 이때 1이 소수라고 가정한다면, '$6=1\times2\times3=1\times1\times2\times3=\cdots$' 이런 식으로 무한의 소인수분해가 생길 수 있습니다. 이는 수론에서 가장 중요한 정리를 흔들어버리는 결과가 되기 때문에 1은 소수에서 제외됩니다."

"넌 매일 수학을 공부했지만 사실은 암기만 한 셈이다. 수의 기본정리와

1이 소수가 될 수 없는 이유는 생각하지도 않고 그저 암기한 대로 소수를 찾았던 거다. 초등수학은 자연발생적으로 발달해온 내용을 다루지만 중학 수학은 의도적으로 체계화된 내용을 다룬다. 수학의 어느 부분도 고립된 것이 없으며 다른 정의나 정리와 관련되어 있다. 그러니까 이게 무슨 말이냐 하면….'

박사님이 계속 이야기를 했지만 하나도 귀에 들어오지 않았다.

"저건 도대체 뭐예요 박사님?"

"매소피아라고 한단다. 자, 돈아야, 내 얘기를 들어보렴, 수학의 정리라는 건 한마디로 나무의 줄기와 잎을 연상해보면 되는데 말이지….'

"그러니까 저게 뭔데요?"

박사님은 그제야 말을 멈추었다.

"인사해라 매소피아. 이쪽은 오늘부터 내 제자가 된 돈아."

"안녕, 반가워. 난 매소피아야."

"컴퓨턴가요?"

"인사부터 해야지."

"안녕, 난 돈아야."

내키지 않았지만 나는 화면을 향해 인사를 건넸다.

"매소피아는 최첨단 인공지능을 갖춘 슈퍼컴퓨터란다. 내가 평생 연구한 모든 지식을 쏟아 부어 발명했지. 어때, 대단하지?"

"대단한 건 저죠. 전 이 세상 어느 인공지능보다 많이 알거든요."

"딱 하나 흠이라면 겸손하지 못하다는 거지. 매소피아는 수학에 관한 온 세계의 정보를 모두 갖고 있다. 그리고 더 대단한 건 시간이 지날수록 더 똑똑해진다는 사실이야. 끊임없이 자료를 업데이트하고 또 스스로 학습하고 공부하거든."

"굉장하네요."

"친해지는 건 천천히 하고, 그러니까, 돈아야, 하던 이야길 마저 하면 수학이란 건 말이야…."

"그딴 건 알고 싶지 않아요. 전 수학이 싫어요."

"수학이 싫다고?"

"네. 수학이 싫어요."

"왜?"

"재미도 없고 왜 필요한지도 모르겠고, 알면 알수록 더 어렵기만 하고."

"네가 수학을 싫어하는 건 수학을 제대로 모르고, 생각하지 않아서일 거다. 수학의 개념을 기계적으로 외워 계산만 하고 그 개념이 나온 이유인 철학을 몰라서이기도 하지."

"철학이라뇨?"

"수학의 개념을 암기만 해서는 안 된다. 왜 소수라는 것이 나왔을까? 왜 수론의 기본정리는 소수정리인 걸까? 생각을 해봐야지. 암기만 하면 수학을 싫어하기 전에 수학이 너를 먼저 싫어해버릴 거야."

"윤리샘이 수학의 개념이 철학에서 나왔다고 얘기했는데…."

"요즘 세상에 그런 걸 가르쳐주는 선생님이 있다니 그나마 다행이구나."

"하지만 나랑 애들은 또 엉뚱한 얘기 늘어놓는다고 제대로 듣지도 않았어요.”

　“처음 수를 알게 됐을 때 사람들은 가장 먼저 홀수와 짝수를 구별했다. 짝수는 2로 나누어떨어지고 홀수는 2로 나누면 언제나 1이 남지. 동양에서는 짝수를 음(-), 홀수를 양(+)으로 여겨 숫자 2는 여자, 숫자 3을 남자로 여겼다. 그리스의 수학자 피타고라스는 숫자 5가 결혼을 상징한다고 생각했지. 소수 2와 3의 합인 소수 5는 특별하고 빈틈없는 수다. 소수는 1과 자기 자신 이외의 약수가 없으니 어딘지 고약한 느낌도 풍기지만.”

　“소수는 수론 가운데 가장 중요하고 신비한 수야.”

　매소피아가 한마디 거들고 나섰다. 잠시 후 박사님이 내게 물었다.

　“돈아야! 수학을 잘하고 싶냐?”

　“당연하죠.”

　“어째서?”

　“우선 엄마 잔소리도 안 듣고 싶고, 대학도 좋은 델 갈 수 있을 테니까요.”

　박사님은 한참동안 생각에 잠겨 있다가 다시 말을 꺼냈다.

　“좋아. 내가 널 수학 고수로 만들어주마.”

　“정말요? 어떻게요? 공식을 외우는 비법서나 기출문제 백서라도 있나요? 박사님, 제가 뭘 하면 되죠? 뭐든 시키는 대로 다 할게요.”

　“넌 아무것도 할 필요 없어. 내가 수학에 대한 너의 호기심을 키워줄 테니까. 그냥 나랑 여행을 가면 된다. 그걸로 충분해.”

　“여행이라고요? 그렇게 하면 수학 고수가 될 수 있나요?”

　“그 이상도 될 수 있지.”

"정말요? 대체 어떤 여행인데요?"

"'철학과 수학 세계'로 가는 여행이지."

여행을 가면 수학 꼴찌에서 벗어날 수 있다니 흥분됐지만, 엄청나게 힘든 대가를 지불해야 하는 건 아닐까, 순간 걱정도 됐다. 하지만 아무려면 어떠냐 싶었다.

"좋아요, 지금 당장 떠나요~."

"나중에 딴소리하면 안 된다."

"알겠어요. 자, 손가락 걸고, 도장 찍고, 스캔하고."

이제야 여기 온 이유를 알겠다. 행복감이 밀려왔다.

"그런데, 박사님. 여행도 좋지만 금강산도 식후경이라고 우선 밥부터 먹으면 안 돼요? 너무 배가 고파요."

"그래. 배가 고팠구나. 내가 맛있는 요리를 해주마. 안 그래도 네가 온다고 엄청난 요리를 준비했거든."

"정말요? 맛있겠다."

박사님이 주방으로 가자마자 매소피아가 소곤거리듯 말했다.

"그냥 라면 끓여달라고 해."

"그게 무슨 소리야?"

나는 물었지만 박사님이 어서 오라고 재촉하는 바람에 대답을 듣지는 못했다.

수학 꼴찌, 입지를 고민하다

선행학습은 잘못된 입지다

이토록 맛이 괴상한 음식은 태어나 처음 먹어본다. 박사님이 차려준 음식은 하나같이 맛이 형편없었다. 매소피아가 라면 운운한 속뜻을 이제 알겠다. 하지만 시장이 반찬이라고, 배가 고프니 어쨌든 먹긴 했다.

"여기에서는 피타고라스의 규범에 따라 콩은 먹지 않고 조미료도 안 쓰니 처음에는 힘들겠지만 곧 식재료 본연의 맛을 알게 될 거야. 수학의 깊은 맛을 알아가는 것처럼 말이다."

"밥도 다 먹었으니 이제 여행을 떠나요, 박사님."

"기다려라. 식사 후엔 느긋하게 차를 한 잔 마시며 명상의 시간을 가져야 한다. 모든 일엔 순서가 있는 법이지. 명상은 수학에 큰 도움이 된다."

"모르는 소리 하지 마세요. 요즘 애들은 뭐든 빨리빨리 하거든요. 밥 먹는 것도 빨리빨리, 공부도 빨리빨리, 친구들 사귀는 것도 빨리빨리, 헤어지는 것도 빨리빨리, 이것도 빨리, 저것도 빨리⋯."

"빨리빨리 하는 공부가 제대로 된 공부일 리가 있나? 우선 공부하는 의미를 생각해야지."

"빨리빨리 해야 성적이 잘 나오죠. 선, 행, 학, 습! 그것도 모르세요?"

"선행학습이라."

"다른 애들보다 고교수학을 빨리 끝내고 고등학교 입학하는 날부터 수능 준비에 집중해서 대학을 한방에 합격해야죠. 선행학습은 필수라고요."

"공부가 아니라 마치 선제공격을 해야 이길 수 있는 격투기 같구나. 교육에서조차 '빨리빨리'라니. 이러니 좋은 인재가 나오질 않지."

박사님은 눈을 감은 채 한동안 말이 없었다. 그러다 갑자기 큰 소리로 외쳤다.

"선행해야 할 것은 입지(立志)다! 먼저 뜻을 세워야 해!"

"입지가 아니라 수학이겠죠. 엄마도 그것 때문에 저를 여기에 보내신 거고요."

갑자기 박사님이 책 한 권을 내밀었다.

"『수레바퀴 아래서』. 제목만 봐도 재미없을 것 같은데 이걸 읽으라고 주시는 거예요?"

"읽든 안 읽든 그건 네 맘대로 해라."

"그런데 왜 주세요?"

"주든 안 주든 그건 내 맘이니까."

"박사님은 좀 이상한 분인 것 같아요."

"왜?"

"학교샘이나 학원샘, 엄마 아빠 그렇게 얘기 안 하거든요. 이거 해라, 저거 해라, 자기들이 말한 건 꼭 해야 한다고 항상 말해요. 하지 않으면 안 된다."

"시키는 대로만 해서는 창조적인 인간이 될 수 없다."

"창조적인 인간이 되려면 어떻게 해야 하는데요?"

니체

"역사상 창조의 길에 대해 가장 많이 고민한 철학자가 니체(F. W. Nietzsche, 1844~1900)다. 니체를 알고 있겠지?"

나는 입을 꼭 다물고 박사님의 시선을 피했다.

"모르는구나. 이제부터 알아 가면 되니 괜찮아. 단, 다음부터는 모르는 건 모른다고 하렴. 그건 용기 있는 행동이니까. 아무튼 니체는 19세기 말 독일에서만 등장할 수 있는 가장 독일적인 인물로 지목된 사람이다. 아무도 할 수 없는 창조의 길을 혼자서 걸은 인물로 평가되지. 그는 스스로를 초인이라고 여겼다."

"초인이요?"

"그래. 니체는 창조적 인생에는 3단계가 있다고 했지. 첫째, '낙타의 시대', 둘째, '사자의 시대', 그리고 셋째, '어린이의 시대'."

"그게 무슨 뜻인가요?"

"청소년기는 요령 위주의 공부가 아니라, 무거운 짐을 지고도 견디는 낙타처럼 인내심을 갖고 기초학문을 충분히 이해할 수 있도록 훈련하는 시기다. 정신적 밑거름이 되는 사고법과 기초지식을 쌓기 위해 노력한다는 거지. 다음 사자의 단계는 기존의 지식을 의심하고 때로는 싸우기도 하는 시기다. 그리고 마지막 단계는 어린이와 같은 순진한 마음으로 자신의 생각을 굳히는 시기지."

"저도 충분히 공부하고 있어요."

"유형별 문제를 반복하고 시험지를 받자마자 내용을 이해하지도 않고 틀에 맞춰 답을 내려 하는 초전박살 전략은 공부가 아니다."

창조적 천재

"그럼, 제가 하는 건 뭔데요?"

"그냥 다 썰어진 톱밥에 다시 톱질을 하고 있는 거겠지. 낙타 시절에는 수학에서 추리하는 법, 인문학에서 유추하는 법을 익히고 공부의 재미를 깨우쳐야 한다. 영국의 케임브리지 대학교를 알고 있니?"

"모르는데요?"

"돈아, 너, 대학에 가고 싶다며?"

"네! 가고 싶어요."

"근데 왜 케임브리지 대학교를 몰라?"

"제가 가고 싶은 대학교는 한국에 있는 서울대나 연세대, 고려대나…."

"그 대학교에 가고 싶은 특별한 이유라도 있는 거냐?"

"아뇨, 그건 아니지만 좋은 대학교잖아요."

"세계에도 훌륭한 대학은 많단다. 아무튼 케임브리지 대학교는 아이작 뉴턴, 찰스 다윈, 스티븐 호킹 등을 배출한, 세계에서도 손꼽히는 훌륭한 대학이다."

"네에~"

나는 심드렁하게 대꾸했다. 어차피 나와는 별로 상관없는 사람들이라고

생각해서다.

"특히 케임브리지 대학교의 수학과는 천재들이 모여드는 곳으로 유명하지. 바로 이 수학과에 대한민국의 고등학생이 입학시험을 치른 적이 있다. 그 학생은 고교 시절 수학경시대회에서 1등을 했고, 세계 수학올림피아드에서도 금상을 수상한 천재였지. 당연히 케임브리지 대학 입학시험에서도 1등을 했다. 그런데 그 학생은 입학을 거절당했어."

"왜요?"

"입학시험 담당교수는 학생에게 '당신은 어떤 의미에서 천재일 수 있지만, 우리가 찾는 천재는 아니다'라고 말했다고 한다."

"그게 무슨 소리죠? 시험에서 1등 했다면서요?"

"문제를 잘 푼다고 해서 위대한 수학자가 될 수 있는 건 아닌 거지. 그 학생은 문제를 보자마자 교과서에서, 참고서에서 외운 풀이형식에 맞추어 답을 써내려갔다. 하지만 세계 각국에서 온 다른 학생들은 문제를 받고 나서 정해진 공식이 아닌 다양한 관점에서 생각했다. 새로운 발상, 창의적인 방법을 고민했던 거지. 대학 입학이 걸린, 어쩌면 자신들의 인생이 걸린 상황이었는데도 말이야."

"그 학생은 어떻게 됐나요?"

"자신이 이제껏 해온 건 진짜 수학이 아니라는 걸 깨닫고는 수학자가 되길 포기했다. 그가 평소 훈련한 것은 문제를 시간 내에 푸는 것뿐이었다는 걸 알아버린 거지."

"불공평해요. 그래도 1등은 1등인 거잖아요."

"입학했다 하더라도 머지않아 스스로 학교를 그만뒀을 거야. 그 학생에게는 잘된 일이다. 세계적인 수학대국 프랑스의 수능 바칼로레아에서는 '시간은 파괴적인가, 창조적인가에 대해 논하라' 또는 '정치에 윤리성이 필요한가?'와 같은 문제가 나온다. 그런 문제를 내는 이유가 뭐라고 생각하니?"

"…."

나는 아무 대답도 못했다.

"이는 철학적인 질문들이다. 이런 질문을 통해, 무엇보다도 스스로 생각하는 힘이 있는가를 알아보는 거다."

교양을 위한 학문

내가 공부하는 진정한 목적은 뭘까? 매일 학교, 학원, 과외를 받으며 배우는 수학이 시험점수를 올리기 위한 목적 외에 다른 의미가 있는 걸까? 그동안 한 번도 생각해보지 않았던 질문들이 머릿속에 떠올랐다.

"점수를 잘 받으려는 수학과 진짜 학문과 교양을 위한 수학은 어떻게 다른가요? 퀴즈프로그램 같은 데에서 1등한 학생은 남들보다 많은 교양을 가진 게 아닌가요?"

"드디어 생각하기 시작했구나!"

"생각은 늘 하거든요."

나는 입술을 삐죽 내밀었다.

"점수를 잘 받기 위한 수학은 일시적이지만 학문과 교양을 위한 수학은 평생 간다. 퀴즈프로그램은 얄팍한 지식을 쓸어 담는 요령을 키우는 것과 같다. 시험을 위한 공부는 어린아이에게 근육운동만 시키는 것과 같지. 그렇게 해서는 제대로 체력을 기를 수가 없다. 교양을 위한 학문은 평생의 지적 재산을 쌓게 하고 스스로 생각하는 힘을 길러주지. 그러니까 지금 네가 학교에서 하는 공부는 수능을 위한 수학일 뿐이다. 교양이 아니다."

"교양이란 한마디로 뭔가요?"

"바로, 철학이 있는 지식이다!"

슬슬 머리가 아파왔다. 정말 철학을 공부해야 하는 걸까?

"저 대학 못가면 박사님이 책임지실 거예요? 수학만 하기도 바쁜데 철학까지 하라고요?”

“그럼, 계속 수학 꼴찌를 하든가. 지금 너는 상대를 보지 않고 주먹만 휘두르는 권투선수와 같다.”

우이씨! 분하지만 할 말이 없었다. 사실은 사실이니까.

“0과 1에도 엄청난 철학적 사색이 있다는 걸 알아야 한다. 목수와 석공은 기능만 익혀도 될 수 있지만, 건축가와 미술가는 자신만의 철학이 있어야 해. 마찬가지로 지금처럼 시험만을 위해 수학을 배우면 단순한 시험기술자가 돼버린다. 그리고 대학에 입학하면 금방 잊어버리지. 인생의 황금기에 10년 이상을 매일같이 공부한 수학을 하루아침에 날려 버리는 건 큰 손실이라고 생각하지 않니?”

“하지만 박사님, 시험은 정말 중요해요.”

“철학을 알면 수학이 보인다! 그 뒤에 시험공부를 해도 늦지 않다.”

박사님은 허공을 향해 소리쳤다

 ## 수학 꼴찌, 철학을 만나다

가장 특별한 숫자, 0

“숫자 중에서 가장 마지막에 발명된 게 뭐라고 생각하니?”

“그게 무슨 문제라고. 정말 제가 바보인 줄 아세요? 당연히 숫자 9죠.”

"어째서 그렇게 생각하니?"

"가장 큰 숫자잖아요. 1부터 9까지 중에. 그러니까 가장 나중에 발명됐겠죠. 맞죠?"

박사님은 대꾸도 하지 않고 매소피아를 향해 외친다.

"매소피아! 문제!"

"네."

문제? 주위를 둘러보는 사이 눈앞에 홀로그램으로 숫자들이 떠올랐다.

$$1+0=(\quad)$$
$$0+1=(\quad)$$
$$0-1=(\quad)$$
$$0\times1=(\quad)$$
$$0\times0=(\quad)$$
$$0\div1=(\quad)$$
$$1\div0=(\quad)$$
$$0\div0=(\quad)$$

"풀어보렴."

문제를 찬찬히 살펴본 나는 피식 코웃음을 쳤다.

"뭐예요, 이런 하찮은 문제들. 이 정돈 당연히 알죠."

나는 자신있게 답을 적었다.

$$1+0=(\ 1 \ )$$
$$0+1=(\ 1 \ )$$
$$0-1=(\ -1 \ )$$
$$0\times1=(\ 0 \ )$$
$$0\times0=(\ 0 \ )$$
$$0\div1=(\ 0 \ )$$
$$1\div0=(\ 불능 \ )$$
$$0\div0=(\ 부정 \ )$$

"돈아가 영 바보는 아니구나, 그렇지 않니? 매소피아."

"그렇습니다. 영 바보는 아닙니다."

매소피아가 맞장구쳤다.

"에헷."

나는 속도 없이 미소 지으며 어깨를 으쓱했다.

"웃을 것 없다. 그래봤자 조금 똑똑한, 바보인 거니까."

"쳇!"

"그런데 돈아야, 너는 1÷0과 0÷0의 불능, 부정이라는 답의 의미는 아는 거냐?"

"네? 그냥 그렇다고 가르쳐주셨어요, 수학샘이. 근데 무슨 의미가 있어요?"

"네 생각은 어때? 저 답이 맞는 것 같냐?"

"맞으니까 맞다고 가르쳐주셨겠죠."

"돈아는 앵무새구나."

"그게 무슨 말씀이세요?"

"다른 사람이 하라는 대로 따라만 하니 앵무새지? 외우라면 무작정 외우고."

"전 앵무새가 아니에요."

"그렇다면 의문이 생기면 사자처럼 사납게 달려들어 스스로 납득할 때까지 묻고 또 물어야지."

"사자처럼요?"

"그래. 저 거친 사바나의 왕, 사자처럼 말이다."

박사님은 정말 사자처럼 무서운 눈으로 나를 바라보셨다.

"아, 머리 아파."

나는 머리를 흔들며 한숨을 내쉬고 심각한 목소리로 물었다.

"대체 수학 고수는 언제 되는 거죠?"

"걱정 마라. 우리는 이미 수학 공부를 하고 있는 거니까."

도무지 믿음이 가질 않는다.

"돈아야, 너는 0에 대해 얼마나 알고 있냐?"

"0은 뭐, 0이죠. 더 알아야 하나요?"

"그래! 아무것도 모르는구나."

"네?"

"0에 어떤 수를 곱해도 0이 되는 이유를 설명할 수 있겠냐?"

"아무렇게나요?"

"아무렇게나."

"개구리는 배꼽이 없어요. 0개죠. 개구리 두 마리의 배꼽도 역시 0개에요. 개구리 100마리의 배꼽을 모두 더해도 0개죠. '1×0=0, 2×0=0, …, 100×0=0 …' 그러니까 어떤 수에라도 0을 곱하면 결과가 모두 0이 된다고요."

"놀랍구나. 아주 놀라워. 그렇지 않니, 매소피아?"

"그렇게 놀랍진 않습니다. 아주 기초적인 수준의 설명이니까요."

"매소피아, 넌 정말 유머감각이 꽝이야. 돈아야, 그렇다면 $0 \div 0$이 왜 부정인지에 대해서도 설명할 수 있겠니?"

"아니 그건, 잘 모르겠어요."

"자, $\frac{1}{0}$의 답을 어떤 수 a라고 하면 $\frac{1}{0}=a$, 양변에 0을 곱하면 $1=a \times 0$이 된다. a에 0, 1, 2, 3, … 어떤 수를 대입해도 식은 성립하지 않는다. 그러니까 한마디로 $\frac{1}{0}$을 어떤 수라 답할 수 없으니 불가능한 거야. 이럴 때 간단히 '불능(不能)'이라 하는 거지."

"그럼 부정은요?"

"$\frac{0}{0}$이 계산 가능한 식이라 가정했을 때 답을 어떤 수 a라 하자. $\frac{0}{0}=a$를 곱셈식으로 바꾸면 $0=a\times0$, a에 0, 1, 2, 3, ⋯ 이렇게 어떤 수든 대입할 수 있겠지. 즉, '$0=0\times0$, $0=0\times1$, $0=0\times2$, $0=0\times3$⋯'이 되어버린다. 이렇게 되면 $\frac{0}{0}$의 답이 무수히 많아지게 되지. 답이 많아 하나로 정할 수가 없는 경우를 '부정(不定)'이라 하는 거다. 이런 경우는 수학적으로 의미가 없다."

"수학적으로 의미가 있냐, 없냐는 무슨 뜻인가요?"

"이거든 저거든 확정할 수 없다면 무의미한 말이다. 이해가 가니?"

"조금요."

"사실 0은 아주 특별한 수다. 0을 발명해낼 때는 '없는 것이 있다'는 걸 알아차리는 지혜가 필요했다."

"없는 것이 있다? 모르겠어요."

"수라는 건 뭐지?"

"사물의 개수요?"

나는 자신 없는 목소리로 웅얼거렸다.

"고대문명권의 사람들도 너처럼 수를 사물의 개수로만 알고 있었지. 실제로 자연수는 분리할 수 있는 물건의 개수다. 눈에 안 보이는 것은 걱정할 필요가 없었기에 고대의 모든 숫자엔 0이 없었지. 매소피아! 표를 띄워 볼래?"

잠시 후 공중에 홀로그램처럼 표가 그려졌다.

인도 아라비아	1	2	3	4	5	6	7	8	9	10	11	19	20	21	50	100
그리스	α	β	γ	δ	ε	ξ	ζ	η	θ	ι	ια	ιθ	κ	κα	ν	ρ
로마	I	II	III	IV	V	VI	VII	VIII	IX	X	XI	XIX	XX	XXI	L	C
중국	一	二	三	四	五	六	七	八	九	十	十一	十九	二十	二十一	五十	百

"인도인은 세상은 원래 아무것도 없는 공(空)이었고, 모든 것은 인연으로 생긴다는 철학을 갖고 있었다. 그래서 인도의 수학자가 다른 나라의 수학자보다 먼저 0을 발명해낼 수 있었지."

"그러니까 0이 숫자 중에서 가장 마지막에 발명된 거라고요?"

나는 놀라 물었다.

"그래. 바라몬이라는 인도의 젊은 수학자가 발명했지."

"바라몬이요?"

"바라몬은 이스라엘에서 예수 그리스도가 탄생한 무렵, 갠지스강 근처 부다가야에서 태어났다. 그는 독실한 불교 가문 출신이어서 어린 시절부터 모든 것의 본질은 아무것도 없는 공(空)이며, 여러 인연이 얽힘, 즉 업(業)에 따라 현상이 나타나고 '업이 있기 전에 아무것도 없다'는 사실을 진리로 믿고 살았다. 인간은 이승에서의 선행으로 좋은 인연, 다시 말해 업을 남기고 죽어야 저승에서 행복해질 수 있다는 거지."

"착하게 살아야 한다는 거군요."

"틀린 말은 아니다. 어쨌든, 어느 날 평소처럼 수판으로 계산을 하고 있었는데, 백의 자릿수가 없는 오늘날의 2034라는 숫자를 모래 위에 적던 바라몬은 잠시 고민하다가 0의 자리를 비우고 2 34라고 기록했다. 빈자리에 아무것도 없는 공(空)이 있다고 생각했기 때문이지. 하지만 234와 혼동하기가 쉬우니 점을 찍었지. 점을 찍고 나서, 요 녀석 이름을 뭐로 할까 고민하다 자기 딸아이 이름을 따서 스냐(空)라고 불렀다. 수판이 없을 때 모래판에 수를 표시하고, 약간 큰 원 'O'을 그린 것이 후세에 이르러 0이 된 것이다."

"옛 그리스나 로마, 중국 숫자에는 0이 없었던 거예요?"

"그렇지. 고대의 대수학자 피타고라스나 유클리드, 아르키메데스도 생각하지 못한 것이다. 게다가 수학의 발상지, 그리스에서도 0을 숫자로 생각하지 못했어."

"0이 그렇게 대단한 건가요?"

"예수가 태어난 해를 AD 1년이라 하지."

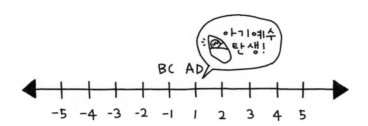

"0이 없는데요?"

"연대는 순서를 의미하므로 0은 수직선에서 빠지지. 0이 있는 온도계와는 다르다. 실제로 01, 032처럼 0이 맨 먼저 나오는 수는 없잖니? 영어에서도 first, second, third는 있지만 0th는 없는 이유가 뭘까?"

"음, 필요가 없으니 안 만들었던 게 아닐까요?"

"0은 순서를 나타내지 못하기 때문이야."

"그렇다면 0은 처음부터 없었어도 되지 않았을까요? 오히려 모든 걸 복잡하게 만드는 것 같아요."

"만약 0이 없다면 수는 한없이 커지면서 일일이 새로운 기호를 만들어야 했을 거다. 중국의 수표기를 봐라. 십(十), 백(百), 천(千), 만(萬), 억(億), 조(兆), 경(京)…, 이처럼 0이 없어서 단위가 올라갈 때마다 새로운 한자를 만들어내야 했다. 계산에도 어려움이 있지. 매소피아!"

"네, 박사님."

"읽어보렴."

중국식	로마식
一百五十四 + 二百十三 ━━━━━━ 三百六十七	CLIV + CCXⅢ ━━━━━━ CCCLXⅦ

"에, 그러니까….."

"쉽지 않지? 그렇다면 이건 어떠냐?"

현대 수로 계산
154 + 213 ━━━━━━

"367이요!"

"그것 봐라. 지금의 수 체계를 이용하면 덧셈 같은 건 아주 쉽지. 하지만 중국식과 로마식 덧셈은 복잡해, 그렇지? 인도·아라비아숫자 이외의 숫자는 기록만 했다. 0이 포함된 오늘날의 10진 기수법 없이는 간단한 덧셈, 뺄셈 같은 계산조차 쉽지 않았던 거지. 그러니 인류역사상 최고의 발명 중 하나가 '0'이라는 말이 나오는 거다. 0은 공(空) 철학이 있었기에 출현이 가능했다."

"철학이 그렇게 중요한가요?"

"중요하지! 요슈타인 가아더(Jostein Gaarder, 1952~)의 『소피의 세계(Sophie's World)』를 읽어봤니?"

"…."

"돈아 너는 모르는 얘기가 나오면 입을 다무는구나. 나중에 흥미가 생기면 읽어보렴. '왜 철학이 필요하고 어떻게 발달해 왔는가?'를 청소년들을 위해 설명해놓은 정말 좋은 책이니까."

나는 서둘러 화제를 돌렸다.

"수학 이론은 그리스에서 시작되었다면서 왜 그리스 수학자들은 0을 발견하지 못한 거죠?"

"게을러서다."

게을러서라니? 내가 잘못 들은 건가?

"네?"

"수를 연구하는 데는 0 없이도 큰 불편이 없었다. 하지만 일상생활에서 물건의 개수를 셈하거나 계산하려면 0이 없으면 안 될 때가 있었는데, 수학자들은 그것을 주로 노예들에게 시켰지. 도도한 수학자 놈들."

"조선시대 양반들도 물건 살 때 상인에게 지갑을 주고 물건 가격만큼 가져가라고 했다고 역사 시간에 배웠는데, 그 사람들이랑 비슷하네요."

음양의 철학

"아, 맞다. 박사님께서 자꾸 '철학, 철학' 하니까 기억나는 게 있어요. 윤리샘이 전 세계 어디에도 대한민국의 태극기처럼 철학적인 구도를 지닌 국기는 없다고 하셨거든요."

"맞는 말이다."

박사님은 말을 자분자분 이어갔다.

"태극에 철학이 담겨 있고 한국만의 철학을 국기에 내세운 건 틀림없는 사실이지. 하지만 태극에 담긴 철학이 무엇인지를 제대로 아는 한국인은 거의 없을 거다. 가령 프랑스의 삼색기는 자유, 평등, 박애의 정신을 상징하고, 미국 성조기의 붉고 흰 줄은 초기 연방 주의 수를, 별은 현재 연방 주의 수를 상징하지. 그렇다면 태극기는 어떤 의미일까?"

예전에 배웠지만 기억이 나질 않았다.

"기억나지 않지? 너뿐만 아니라 대부분의 어른들도 모르고 있을 거다. 간단히 말하면, 중국철학인 성리학이 조선 초기에 전해져서 조선 주자학의 기본이 되었고 오늘날 태극기의 사상으로 이어져왔단다."

"태극이란 대체 뭔가요?"

"태극은 태극음양오행설에서 나왔다. 고대 중국인은 우주와 세계를 음양과 오행으로 나누어 해석했지. 그리고 이들이 대립하지 않고 서로 어울려 하나의 '태극'에 근본적인 '기'로서 조화를 이루고 있다는 것이 태극 사상의 핵심이다."

"어쩐지 심오하네요."

"1년은 4계절, 겨울에서 봄, 여름 그리고 가을, 이런 식으로 순환하지? 이것이 바로 오행설의 기본이 되는 것이다. 오행설은 만물을 구성하는 기본 원소가 목(木), 화(火), 토(土), 금(金), 수(水), 다섯 개라고 설명한다.

밀레토스학파의 지(地), 수(水), 화(火), 풍(風)과 비슷한 사상이지. 이것으로 무엇을 유추할 수 있을까? 동양철학이든 서양철학이든 일정한 기본 원리가 이 세계의 모든 것을 형성하고 동시에 변해간다고 생각했다는 거지."

나는 필기라도 해두어야 한다는 생각에 얼른 가방을 열어 노트를 꺼내 펼쳤다. 그러자 박사님은 노트를 냅다 낚아채 멀리 던져버렸다.

"바보 같은 짓 하지 마라. 지식은 외우는 게 아니라 이해하는 거다. 지금 이해하지 못하면 나중에 다시 들쳐본들 그건 네 지식이 될 수 없다."

"박사님, 저흰 모두 이렇게 공부해요."

"이해할 수 있을 때까지 생각하고 질문하고 사색해라. 공부는 그렇게 하는 거다. 오행설의 중요한 점은 순환이다. 서로 도움을 주는 상생(相生)과 대립하는 상극(相剋), 이 둘은 반대방향이지. 나무가 부러지면 불이 나고, 불에 타고 남은 재가 흙 속에서 변해 광물이 되고, 광물이 식으면서 물이 맺히게 한다. 또 나무가 뿌리를 내려 흙을 분쇄하고, 흙은 물을 흡수하지. 물은 불을 끄고, 불은 쇠를 녹이며, 쇠는 칼이 되어 나무를 자른다. 자연은 이런 식으로 상생, 상극으로 순환하면서 죽음과 탄생을 되풀이한다.

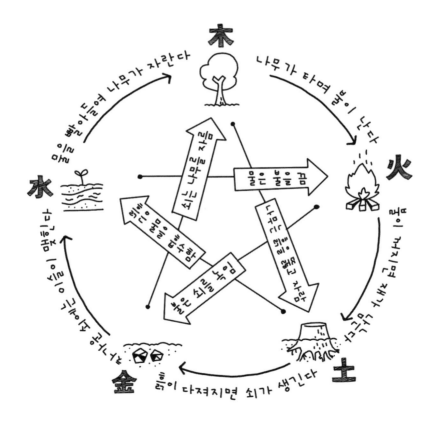

세상 또한 자연과 같이 순환하는 것이니 음양오행의 이치를 제대로 알면 세계의 돌아가는 모습과 미래도 알 수 있다고 생각했지."

"미래까지도 알 수 있다고요?"

"예측은 가능하다. 하지만 반드시 그렇게 될 거라고 믿어서는 안 된다. 그건 미신과 다를 바가 없으니까."

"그렇다면 태극엔 어떤 철학이 담겨 있는 건가요?"

"태극기의 네 모퉁이에 '−−'과 '—'으로 된 기호가 있는 건 알지?"

"물론이죠."

"−−은 '음'이고, —은 '양'이다. 이것들을 3개씩 임의로 배열한 조합 8가지가 8괘, 즉 ☷(곤), ☶(간), ☵(감), ☴(손), ☳(진), ☲(리), ☱(태), ☰(건)이다. 태극기 모퉁이의 건(乾), 곤(坤), 리(離), 감(坎)은 하늘, 땅, 해, 달 그리고 봄, 여름, 가을, 겨울을 상징한다."

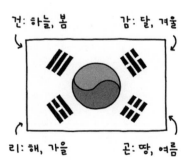

건: 하늘, 봄 감: 달, 겨울
리: 해, 가을 곤: 땅, 여름

"그런데 박사님, 이런 게 21세기에 무슨 소용이 있는 거예요?"

"고리타분하고 케케묵은 것 같은 철학이 현대와 깊이 관련되어 있다는 사실을 알면 놀랄 거다."

"재미가 없는데요."

"음양론은 전자시대와 깊은 관계가 있지."

"전자시대요?"

"라이프니츠(G. W. Leibniz, 1646~1716)는 미적분을 발견한 대수학자인데 그는 동양의 음양 기호 $--$, $—$에 0, 1을 대응시켰고, 이를 통해 중국의 음양론이 이진법의 구조와 같음을 발견했지."

"음양론이 이진법이랑 같다니, 잘 이해가 안 돼요."

"돈아, 너는 음양을 음의 값, 양의 값으로 생각했구나. 우리가 평소 사용하는 10진법은 자릿값이 10배씩 커지지만 이진법의 자릿값은 숫자가 0과 1로만 나타내기에 자릿값이 2배씩 커진다. 십진법의 1, 2, 3을 이진법으로 나타낸다면 $001_{(2)}$, $010_{(2)}$, $011_{(2)}$이 된다. 0과 1로 표현한 이진법의 수와 $--$, $—$ 두 막대로 음양을 표현한 태극기의 괘는 같은 의미인 거지. 음양을 3번 되풀이한 $2^3 = 8$의 변화를 8괘라 하는데, 8괘와 이진법의 관계는 다음과 같다. 매소피아!"

8괘	☷	☶	☵	☴	☳	☲	☱	☰
	곤	간	감	손	진	리	태	건
이진법	$000_{(2)}$	$001_{(2)}$	$010_{(2)}$	$011_{(2)}$	$100_{(2)}$	$101_{(2)}$	$110_{(2)}$	$111_{(2)}$
십진법	0	1	2	3	4	5	6	7

"음양 철학이 있었음에도 중국의 수학자들은 이진법을 발명하지 못했고, 한국은 태극 이론을 도입했으면서도 전자계산기의 발명에 기여하지 못했다. 결국 철학이 있어도 수학이 성숙하지 못하면 창조적 결합을 이루어낼 수 없다는 거지. 철학에서 발상을 얻어 수학의 발명으로 꽃피게 되는데, 안타깝게도 동양 수학에는 그리스와 같은 수 이론이 없었다. 결국 철학과 수학이 조화를 이뤄야 창조가 있다는 거겠지."

"음양론이 수학에 엄청난 영향을 준 셈이네요."

"그래, 맞다! 바로 '음수'를 탄생시켰지. '나뭇가지 위에 다섯 마리의 새가 있었는데, 두 마리가 날아갔다. 남은 새는 몇 마리일까?'라는 문제를 수학식으로 표현할 수 있겠니?"

"5−2=3이요."

"하지만 날아간 건 '−2'마리의 새가 아니라 '+2'마리의 새겠지? 서양에서는 이 장면에서도 마이너스 수의 개념을 몰랐다. 하지만 중국엔 음양론의 철학이 있었기 때문에 +2가 있다면 −2도 있다고 믿었던 거다. 음양론이 없는 서양에서는 생각할 수 없던 일이었지."

"음수의 개념이 동양에서 나온 거군요."

"그렇지. 이걸 한번 생각해보자. '넓이가 1인 정사각형의 한 변의 길이는 1이다'를 식으로 풀면 $x^2=1$이 되지. 식 $x^2=1$을 풀면

$$x^2-1=0$$
$$(x+1)(x-1)=0$$
$$x=\pm 1$$

이 되겠지. 하지만 변의 길이가 −1인 정사각형은 없지. 현실에서 그런 정사각형이 존재한다는 건 불가능하니까. 그렇지만 우린 알고 있잖니? 일반적으로 2차 방정식의 근은 반드시 2개이며, 음수의 해가 있을 수도 있다는 걸."

"맞아요. 2차 방정식엔 답이 두 개가 있죠."

"하지만 음수를 모르던 시절 수학자는 음수의 답을 얻고도 그냥 지나쳤으며, 음수의 근을 무조건 무시했다. 같은 답이지만 문제의 본질을 생각하는 것과 처음부터 무시하는 것은 전혀 다르지. 'n차 방정식엔 n개의 근이 존재한다(대수의 기본정리)'는 현대 대수학의 출발점에는 당연히 음수의 근이 포함되는 거다. 즉, 철학이 없으면 손에 들어온 보물도 던져버릴 수 있다는 거란다. 알겠니, 돈아야? 이렇게 철학이 중요하다."

첫 번째 여행을 떠나다

나는 조금 화가 나 있었다. 철학과 수학으로 떠나는 여행이라고 해서 조금은 지루할 수도 있겠다고 생각했다. 그래도 여행은 여행인데, 어느 정도는 신나고 재미도 있어야 하지 않나? 그런데 이건 지루함의 연속이니.

"박사님, 이건 여행이 아니잖아요. 재미가 하나도 없는데요."

"그래? 그렇다면 진짜 여행을 떠나볼까? 자, 돈아야, 내 손을 잡아라."

"네?"

"매소피아, 17세기 말 하노버로 가자."

"네?", "네!"

매소피아와 내가 동시에 대답했다. 그리고 잠시 후 모든 빛이 사라지면서 주변이 깜깜해지더니 어딘가에서 클래식 음악이 흘러나왔다.

"모차르트의 〈클라리넷 협주곡 622번〉이란다."

박사님이 말했지만 나는 정신을 차릴 수가 없었다. 몸이 허공에 붕 뜨는 듯한 느낌이 들었고, 어딘가로 빨려 들어가듯 강한 바람이 얼굴을 때렸다.

잠시 후 갑자기 주위가 환해졌다. 나는 눈을 비비며 주변을 둘러보았다. 난생처음 보는 거리였다. 건물들도 낯설고, 거리를 오가는 사람들의 옷차림도 이상했다.

"여긴 대체 어디에요?"

"독일의 하노버야."

매소피아가 대답했다.

"방금 전까지만 해도 박사님 연구소에 있었는데."

"나는 언제, 어디로든 시간 여행을 할 수 있지."

"타임머신 같은 거?"

"비슷하지만 약간 다르지. 시간뿐만 아니라 공간도 자유자재로 넘나들 수 있거든. 홀로그램에 가까워. 정보를 모아서 과거의 시대를 그때와 동일하게 3D 영상으로 재현해내는 거지. 정보만 있다면 어떤 시대든 만들어낼 수 있어. 너와 박사님은 지금 그 시대에 들어가 있는 거고."

"이게 다 가짜라고? 저기 저 사람들이 자꾸 우리를 쳐다보는데?"

"가짜이면서 가짜가 아니라고 할 수 있지. 그게 이 프로그램의 위대함이야.

저 사람들은 역사 속, 그러니까 과거의 사람들이지만 프로그램 안에서는 여전히 살아 있어. 때문에 그들도 너를 인식할 수 있지. 프로그램 속에서 자유롭게 이야기를 나눌 수 있는 건 바로 그 때문이야. 어때, 멋지지?"

"넌 내가 만들었다는 걸 잊지 마라, 매소피아야."

"네, 박사님."

"그런데 대체 여긴 왜 온 거죠?"

"이 여행의 시작은 바로 이 친구부터다. 보자, 아, 저기 있군. 이보게, 라이프니츠!"

박사님이 손을 흔들자 남자는 재빨리 다가와 말했다.

"안녕하세요, 박사님."

"잘 있었나?"

"네, 잘 지내셨죠?"

두 사람은 반갑게 말을 주고받았다.

"이 사람은 어떻게 박사님을 알고 있는 거야?"

나는 매소피아에게 속삭이듯 물었다.

"내가 그렇게 설정해 두었으니까. 프로그램 속 모든 인물들에게 박사님은 박사님이야! 모두가 박사님을 알지."

"여긴 내 제자, 돈아일세."

"반갑다. 근데 넌 왠지 수학과는 거리가 멀어 보이는구나."

라이프니츠의 말에 발끈해서 맘에도 없는 말을 내뱉었다.

"저 수학에 관심 많거든요~."

"그래? 어떤 것에 관심이 많은데? 집합? 방정식? 함수?"

"그러니까, 그게, 그러니까…."

내가 쭈뼛거리자 옆에 서 있던 박사님이 나섰다.

"돈아에게 기호학에 대해서 설명을 좀 해주겠나."

"기호학이라. 그렇다면 내 얘기부터 시작해야겠군요. 난 수학논리를 발전시킨 철학자이자 외교관이었다. 나는 종교전쟁(1618~1648)에 큰 충격을 받았고, 분열된 조국 독일이 통합되기를 꿈꿨지. 그래서 신교와 구교의 타협점을 찾아야 할 필요성을 통감했다. '1+1=2'와 같은 간단한 계산이나 수학적 명제에 대해서는 모두가 납득하면서 왜 종교, 정치 문제에 대해서는 의견이 갈라지는지. 나는 이 갈라지는 생각들을 하나로 묶기 위해서 중요한 것이 논리라고 결론 내렸다. 결국 언어를 수학식처럼 표현할 수 있다면 모든 대립이 사라질 거라 생각했지."

"언어를 수학식으로 표현한다고요?"

"그래. 언어를 기호화할 수 있고, 그 기호를 사용해 계산이나 증명을 식으로 표시할 수 있는 거지. 만약 인간의 사고를 모두 기호화할 수 있다면 어떤 학문이라도 보편수학의 일부가 될 수 있을 테니까."

"보편수학이 뭐죠?"

"세상의 모든 학문을 기호화하고 수식으로 표현할 수 있도록 하는 수학을 말한다."

"그런 게 가능한가요?"

이번에는 박사님이 대답했다.

"라이프니츠는 아직 증명하고 있는 중이다. 증명이 계속되는 한 가능성은 여전히 남아 있는 거지. 촘스키(Noam Chomsky, 1928~)가 모든 언어의 공통되는 문법을 찾으려 '보편문법론'을 생각한 것도 같은 맥락이다."

"혹시 나의 모나드(monad, 단자) 이론을 알고 있나, 소년?"

"…."

"전혀 모르는구나. 모나드는 더 이상 작아질 수 없는 물질이면서 동시에 영혼의 최소 단위를 말한다. 철학적 관점에서 보면 각각의 모나드는 우주를 반영하고, 우주 전체는 모나드로 가득 차 있는 셈이지."

나는 용기를 내어 물었다.

"모나드가 있다는 걸 어떻게 증명할 수 있죠? 확인할 수가 없잖아요."

"실체를 확인하려는 건 과학의 영역이다. 내가 말하는 건 철학적 개념이다. 네가 모나드를 의심하는 건 좋지만 그 근거를 댈 수 있어야 한다. 너는 모나드를 느낄 수 없어 존재하지 않는다고 이야기한다. 그렇다면 자외선이나 적외선은 어떠냐? 너는 육안으로 그것들을 확인할 수 없지만 그게 존재한다고 믿고 있잖니?"

"그건 과학적으로 증명이 되었잖아요."

"증명이 되지 않았을 때에도 그건 존재하고 있었다. 내가 말하는 모나드 역시 존재하고 있지만 볼 수 없을 뿐이지. 이것이 바로 철학 사유에서 핵심이라 할 수 있다. 세상의 비밀을 풀 기회는 끝없이 생각하고 의심하는 누구에게나 주어져 있단다."

"철학은 아직도 제겐 너무 먼 길이에요."

"그렇지 않아. 네가 아직 준비가 안 되었을 뿐이다. 기호의 계산법에 대해 얘기해볼까? 수식에서 수 또는 문자를 사칙연산(+, −, ×, ÷)으로 묶듯이 수학적 주장인 '명제'를 '∧, ∨, →' 등의 기호로 묶어 논리식을 만들 수 있다. 가령 'x는 1보다 크다. 그리고 x는 7보다 작다'는 명제는 기호로 묶어 논리식 '$1 < x < 7$'로 바꿀 수 있는 거지. 명제가 성립하는지 아닌지의 판단기준을 논리식의 값이라고 한다. 쉽게 말해 '정삼각형은 이등변삼각형이다'라는 명제는 참일까, 거짓일까?"

"당연히 '정삼각형은 이등변삼각형이다'는 옳은 명제죠."

"그래 맞아. 이런 건 아이들도 다 알지. 이걸 간단히 논리식으로 표현해보자. 정삼각형을 A, 이등변삼각형을 B라 하면 'A→B'라는 논리식이 되겠지. 여기에서 A는 가정이고 B는 결론이다. 명제 'A이면 B이다'에서 가정과 결론을 반대로 바꾼 것을 명제의 '역(逆)'이라 하고, 가정과 결론을 부정한 것을 명제의 이(裏)라 한다. 또 명제에 대해 역과 이를 동시에 하는 것을 대우(對偶)라 하지. 자, '정삼각형은 이등변삼각형이다'의 역, 이, 대우를 한번 말해 봐라."

"역은 '이등변삼각형은 정삼각형이다'이고, 이는 '정삼각형이 아니면 이등변삼각형이 아니다'이고, 대우는 바꾸고 부정하면 되니까 '이등변삼각형이 아니면 정삼각형이 아니다'가 되네요."

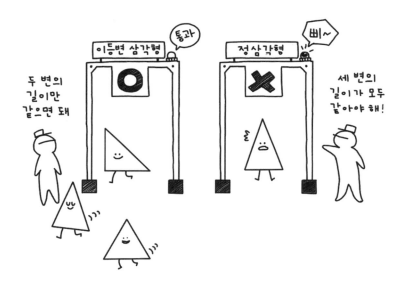

"그렇다면 각 명제들의 논리식 값은?"

"역은 거짓, 이도 거짓인데, 잠깐만요. 대우는 참이에요."

"그래, 참인 명제라고 해서 역과 이가 반드시 참은 아니다. 그렇지만 대우는 논리식 값이 같기 때문에 둘 중에 증명하기 쉬운 쪽을 선택하면 된다. 이번에는 일상적인 문장을 기호화해 보자. 참인 명제 두 가지를 말해 봐라."

뭐가 있을까. 나는 잠시 생각한 뒤 말했다.

"음, 명제 A는 '박지성은 축구선수', 명제 B는 '류현진은 야구선수'다."

"좋아, 이 두 명제로 논리식을 만들어 보자."

"명제 A의 부정은 박지성은 축구선수가 아니다. 그리고….'

$\sim$A	박지성은 축구선수가 아니다.
A∧B	박지성은 축구선수이고, 류현진은 야구선수다.
A∨B	박지성은 축구선수이거나 류현진은 야구선수다.

"각 논리식의 값은?"

"$\sim$A는 거짓이고, A∧B와 A∨B은 참이에요. 예를 들어 설명하니 아주 쉽네요."

"그렇다면 일단 기본 개념은 이해했으니 정리를 좀 해볼까. 각 명제의 참, 거짓을 판단하는 판단기준인 진리표를 사용하면 편리하다. 여기에서 참은 Truth의 T, 거짓은 False의 F로 나타낸다. 사각형에 관한 명제를 생각해볼까. 정사각형은 A, 직사각형은 B라 하고 각각의 진리표를 만들어 보면 이렇게 된다."

명제	기호식	진리값
정사각형이면 직사각형이다.	A→B	T
직사각형이면 정사각형이다.	B→A	F
정사각형이 아니면 직사각형이 아니다.	~A→~B	F
직사각형이 아니면 정사각형이 아니다.	~B→~A	T

"이젠 이해가 돼요."

"좋아! 그럼 끝으로 명제를 만족하는 집합을 설명해줘야겠구나. 명제는 '진리집합'에, 진리표는 집합과 대응시킬 수 있다. '→'은 집합의 '포함관계 (⊂)'에, '(∧)'은 '교집합', '(∨)'은 '합집합', '(~)'은 '여집합'에 각각 대응되지. 예를 들어 명제 '$x<2$이고, $x>3$'을 만족하는 해의 집합이 없을 때 그 명제는 거짓이며 그 진리집합은 '공집합'이 된다."

"헷갈리는데요."

"수학의 간단한 논리는 그리고(and), 또는(or), 부정(not)만으로 식을 만들고, 식의 변형을 반복하면서 또 다른 새로운 식을 만들 수 있다는 것이다. 식의 값은 결국 참과 거짓으로 판정되는데, 참(truth)에 1, 거짓(false)에 0을 대입하면, 1과 0만으로 진리표가 만들어지게 되지. 이것을 이진법에 이용할 수 있다."

"더 복잡해지네요."

"표로 보면 간단하다. 자, 봐라."

A^B	1	0
B\A		
1	1	0
0	0	0

A^B	1	0
B\A		
1	1	0
0	0	0

~A	
A	~A
1	0
0	1

"우아! 신기해요. 0과 1, 양과 음, 참과 거짓, 이렇게 두 가지만으로 이루어진 세상이 있다니."

"그렇고말고. 서양의 집합론, 논리식으로 이어지는 음양론은 아주 놀라운 사상이다. 내가 수동식 계산기를 만들 수 있었던 것도 이 음양론 덕분이지."

"계산기를 음양론으로 만들었다고요? 계산기는 파스칼이 만들지 않았나요?"

"0과 1만을 사용하는 계산체계인 이진법을 이용하여 계산기를 만들었지. 이진법의 간단한 논리의 조합을 'on'과 'off'로 처리하는 디지털 신호로 컴퓨터를 만들게 된 거지. 간단한 계산밖에는 할 수 없는 파스칼의 계산기와 내 것을 비교하다니. 너는 정말 공부를 많이 해야겠구나. 같이 가자. 내가 진짜 공부를 가르쳐줄테니."

라이프니츠의 얼굴이 붉으락푸르락해졌다. 당황한 나는 주변을 두리번거리며 박사님을 찾았지만 어디에서도 보이지 않았다.

그때 라이프니츠가 나의 옷 뒷덜미를 움켜쥐었다.

"어디로 내빼려고?"

"이거 놔요. 박사님, 박사님!"

온 세상이 빙글빙글 돌았다. 점점 눈앞이 캄캄해져 정신을 차릴 수가 없었다. 도대체 뭐야, 이게 뭐냐고? 아아아아아아! 나는 눈을 질끈 감았다.

2장
수학을 잘하려면 철학이 필요해!
아르키메데스에게 부력의 원리를 배우다.

"그만, 그만해, 으아악!"

소리를 지르며 나는 깨어났다. 정말 끔찍한 악몽이었다. 꿈속에서 나는 라이프니츠의 집에 끌려가 지루하기 짝이 없는 수업을 받아야 했다. 그는 알아들을 수도 없는 수학 이야기를 끝없이 퍼부어댔고, 내가 이해하지 못하면 얼굴을 바싹 들이대며 무섭게 다그쳤다. 세상에 수학 고문이란 게 다 있구나 싶었다.

후우! 하지만 다 꿈이었어! 나는 안도의 한숨을 쉬며 주위를 둘러보았다. 낯선 방, 낯선 풍경. 그제야 나는 박사님 연구소에 와 있다는 사실을 깨달았다. 시계를 보니 아침이었다. 그래, 그런 일이 진짜일 리가 없지.

"이제야 일어났어? 넌 공부도 안 하고 부지런하지도 않구나?"

갑작스러운 목소리에 놀란 나는 주위를 둘러보았다.

"뭐야? 누구야?"

"얘가 기억력도 별로네. 나야, 매소피아! 정신 차리고 빨리 1층으로 내려와."

아직도 내 머릿속은 어제의 사건들이 뒤죽박죽 엉켜 있었다. 라이프니츠가 벽에 휘갈겨대던 복잡한 수식들, 알아들을 수 없는 온갖 해설, 모든 게 너무 생생해서 꼭 현실 같다. 나는 머리를 흔들며 자리에서 일어나 방을 나섰다.

"안녕히 주무셨어요, 박사님?"

"일어났구나, 돈아야. 거기 앉으렴. 오늘 아침은 토마토주스와 계란토스트란다. 계란토스트, 좋아하니?"

"네."

나는 건성으로 대답했다.

"자, 다 됐다. 먹자."

"그런데 박사님, 어젯밤에 말이에요…."

나는 조심스레 말을 꺼냈다.

"저, 라이프니츠라는…."

"매소피아한테 들었다. 꽤 고생했다고. 프로그램 속에서 잠이 들다니, 많이 피곤했던 모양이야."

"꿈이 아니었던 거예요?"

"가상 세계에서 벌어진 일이지만 현실이기도 하다. 원래 프로그램 속 인물이 그렇게까지 현실적으로 활동하지는 않아. 그런데 가끔 자아가 너무 센 인물들은 입력된 값 이상으로 행동하지."

"가상 세계라고요? 라이프니츠랑 대화도 하고 혼나기도 했어요. 심지어 꿀밤까지 맞았다고요. 얼마나 아프던지…. 멍든 것 같다고요."

"너무 걱정할 필요 없다. 상처는 없을 거다. 단지 그렇게 느낄 뿐이지."

"제가 라이프니츠에게 끌려갈 때 박사님은 어디 계셨어요?"

"거리를 구경하다 길을 잃었단다."

"길을 잃으셨다고요?"

"이것저것 구경하다보니 너무 신기하고 재미있는 게 많아서. 내가 만들었지만 그렇게까지 과거의 거리와 건물들을 잘 구현해 내다니, 매소피아는 정말 대단한 녀석이야, 그렇지 않니?"

'지금이라도 집에 가버릴까?' 나는 생각했다. 이런 박사님과 함께 있다가는 수학은커녕 고생만 할 것 같았다.

"돈아야, 그래도 재미는 있었지?"

박사님이 싱긋 웃으며 내게 말했다. 고생을 하긴 했지만, 확실히 지루하지는 않았다.

"다 식겠어. 일단 어서 먹자. 먹고 빨리 다음 여행을 떠나자꾸나."

역시나, 토스트는 맛이 없었다.

 ## 수학을 잘하기 위해 철학이 필요한 이유

"박사님, 정말 제가 수학을 좋아하게 될까요? 잘할 수 있을까요?"

박사님은 잠시 생각한 뒤 대답했다.

"요즘 학생들에겐 시험에 나오지 않는 문제는 알 필요가 없다고 생각하는 병이 있다지? 그런 병을 앓는 친구들이 수학을 좋아하거나 잘하기는 어렵다. 수학에서 가장 중요한 건 창조에 관한 동기를 갖는 거거든. 동기가 없다면 성취감도 없고, 성취감이 없다면 발전도 없지."

"하지만 수학 공부는 해야 할 게 너무 많아요. 끝이 없어요."

"그건 맞는 말이다. 오늘날의 수학자들도 수학을 이해하는 것만으로도 평생을 보내야 하니까. 그러니 더더욱 청소년기에 철학 공부가 필요한 거다. 철학과 수학은 원래 하나의 학문이었거든. 수학 공부가 급할수록 철학으로 돌아가야 한다."

"철학과 수학이 하나였다고요?"

나는 깜짝 놀라 펄쩍 뛰었다.

수학의 공중곡예

"애초에 수학은 체계가 없는 단순한 지식에 불과했다. 지식이 쌓이면서 스스로 체계를 갖추어 철학과 갈라지게 되었지. 건축물에 철(鐵)근이 필요한 건 알지? 튼튼한 철근이 기초가 될수록 건물은 오래 가지. 마찬가지로 수학도 철(哲)학이 기초가 되어 세워진 학문이라는 걸 명심해라."

"철학이 그렇게 대단한 학문인가요?"

"철(哲)은 모든 학문의 철근에 해당하는 지혜라 할 수 있다. 하지만 사람들은 그런 사실을 까맣게 잊고 뿌리 없는 수학 위에서 위태롭게 곡예를 펼치고 있지. 지금 우리가 당연하게 쓰고 있는 0이나 소수점 같은 걸 등장시키기 위해 많은 수학자들은 철학의 숲을 엄청 헤매야 했다. 그 과정

속에서 수학의 창조가 일어났던 것이지."

"…."

"돈아, 넌, 수학이 싫다고 했지? 그건 네가 철학을 무시하고 입시수학공부에 뛰어들었기 때문이다. 왜 수학을 배워야 하는지 도대체 모르겠지?"

"네, 잘 모르겠어요."

"지금 너는 한쪽 다리가 없는 의자에 앉아 있는 것과 같다. 위태롭고 불안하고, 중심을 잡기가 힘든 상황이지. 만약 지식의 모임을 사전이라 한다면, 철학은 생각하는 방법과 방향을 정한다. 창조적 의도로 수학을 하면 단순히 답을 맞히는 것이 아니라 그에 관한 원리가 궁금해지고 폭넓게 이해하게 된다. 자연스럽게 수학이 재미있고, 교양과 생각의 폭이 넓어지게 되는 거지."

대한민국의 가장 큰 낭비

"철학이 마치 만병통치약 같아요."

"철학은 중요한 교양이자 지식과 학문의 연결고리이다. 생각을 깊게 하는 힘이지. 높은 학문에 오르려면 반드시 철학의 계단부터 밟아야 한다."

"하지만 철학이 없어도 수학을 배울 수 있잖아요."

"남이 만들어 놓은 것을 뺏을 수는 있다. 그러나 '공(空)'의 철학이 있기에 '0'이 발견되고 십진법이 완성된 걸 생각해봐라. 대한민국에서 노벨상이나 필즈상 수상자가 한 명도 나오지 않은 이유가 뭘까? 그건 바로 교양이 뒷받침해주지 못하기 때문이다. 새로운 무언가를 배울 때 네가 갖고 있는 교양의 양과 질이 다르다면 그 의미 또한 달라진다."

"어차피 같은 공식을 배우고 같은 풀이를 배우는데 달라질 게 뭐가 있죠?"

"영어를 전혀 모를 때는 그냥 책이었지만, 알파벳을 떼고 나면 더듬더듬 읽을 수 있는 영어로 쓰인 책이 되고, 영어 공부를 열심히 하면 재미있는 원서 소설책이 되는 것과 같다. 사람의 두뇌는 수만 년 전이나 지금이나 별 차이가 없다. 수만 년 전 사람들이 동굴 벽에 그린 벽화와 현대 화가의 수준이 다를 바가 없다는 것이다. 생태계의 최고 위치에 오른 인류는 엄청난 진화단계를 겪었지만 교육에 있어서는 예외 없이 학습의 수순을 밟아야 했지. 대천재라 불리는 사람들의 어린 시절도 평범한 사람과 비슷해. 이유는 간단해. 부모가 습득한 고도의 기술이나 지적 재산은 유전되지 않기 때문이지."

"자녀가 수학을 못하면 엄마 닮아서 그렇다는 말은 거짓인가요?"

"늑대에 의해 길러진 2살과 7살 난 두 인도소녀가 어느 선교사 부부에 의해 구조된 사연이 있다. 선교사 부부는 아이들에게 아말라와 카말라라는 이름을 지어주고 인간생활에 적응시키기 위해 스푼과 포크로 식사하는 법, 걷는 법과 말을 가르쳤다. 그러나 그들은 고기를 날로 먹고 심지어 밤엔 늑대처럼 울부짖기도 하고 급할 때는 네 발로 기었다. 아말라는 1년 후에 죽었고 카말라는 5세 수준의 언어를 구사하게 되었지만 2년 후 목숨을 잃었다. 그 사건은 지적 인간에게 환경, 교육, 학습이 결정적 영향을 끼치는 결정적 시기가 있음을 알게 해주었다."

"그러니까 어떤 학습을 받느냐에 따라 인간은 얼마든지 달라질 수 있다는 건가요?"

"그렇지! 수학, 철학의 지식은 유전되지는 않지만 인류의 정신적 유산으로 전해져서 학습은 가능하지. 너희들은 거의 똑같은 교육과정에 따라 아주 수준 높은 수학 지식을 습득하지만 단순히 암기만 해서는 금세 잊어버린다. 그런 공부는 마치 눈앞에 놓인 당근만 쳐다보다 바로 옆에 있는 당근 밭은 보지 못하는 당나귀와 같다. 오직 성적을 올리기 위해 시험기술만을 익히기 때문에 암기와 문제 푸는 속도만큼은 세계 최고일지 모르겠지만 진정한 학문을 공부한다고는 말할 수 없겠지."

철학을 모르고 철학을 말한다

"철학이 뭔지 잘 모르겠어요."

"궁금하니?"

"뭐, 이 정도요?"

나는 엄지와 검지를 눈동자 크기만큼 띄워 박사님에게 보였다.

"그게 바로 철학이다."

"네? 이게요? 손가락이 철학이에요?"

나는 깜짝 놀라 손가락을 보았다.

"아니, 뭔가를 궁금해 하는 네 마음가짐이 바로 철학이라는 말이다. 인간이란 무엇이냐?"

"두 발로 서서 걷는 동물이요."

"그렇다면 닭도 인간이냐?"

"인간에겐 깃털이 없어요."

"두 발로 서서 걷는 깃털 없는 동물이 인간이겠구나."

"그, 그렇겠죠."

나는 자신 없이 말했다.

"깃털을 몽땅 뽑은 닭은 어떠냐? 이것도 두 발로 서서 걷는 깃털 없는 동물인데. 이젠 인간이 된 거냐?"

"아니겠죠. 아, 인간은 사회적 동물이에요."

"벌은? 개미는?"

"인간은 감정적 동물이에요."

"그렇다면, 다쳐서 의식을 잃고 병상에 누워 감정 표현을 못하는 사람들은 인간이 아닌 거냐?"

"아우, 모르겠어요. 박사님, 너무 어려워요. 철학 이야기를 하다가 왜 이런 얘길 하시는 거예요?"

"철학은 '~은 무엇인가'에 대해 끊임없이 질문하고 생각을 깊게 만들어가는 것이다. 대상의 본질을 찾아 계속 질문해가는 것, 이것이 바로 철학이다."

"저도 늘 고민해요. 이런 재미없는 수학 따위를 왜 배우는 걸까 하고요."

"그런 의문을 품고 있으면 철학자나 수학자가 될 가능성이 있다. 하지만 중요한 건 단순한 질문에 그쳐서는 안 된다는 거다. 재미가 없으니 하기 싫고, 하고 싶지 않으니 왜 해야 하는지 의구심만 늘고. 이건 그냥 핑계를 대는 것이지 본질을 탐구해가는 게 아니다."

"모르겠어요, 모르겠다고요."

나는 좌우로 고개를 흔들며 큰소리로 외쳤다. 정말이지, 머릿속이 뒤죽박죽이었다.

"매소피아! 고대 그리스로 가자꾸나."

"네? 또요?"

곧바로 음악이 흘러나왔다.

"시벨리우스의 교향곡 E단조 〈쿨레르보〉다. 앞날에 대한 호기심이 용솟음치지 않니?"

박사님이 웃으며 말했지만 나는 대답 없이 눈을 질끈 감았다.

철학의 시작, 학문의 시작

놀라움에서 시작한 철학

"도착했다, 돈아야. 눈을 뜨렴."

눈을 뜨자 하얀 색의 거대한 석조기둥이 즐비한 거대한 폴리스가 눈앞에 펼쳐져 있었다.

"여긴 어디에요?"

"고대 그리스다. 기원전 240년 쯤 되겠지. 그렇지 매소피아?"

"네, 그쯤 됩니다."

"네가 정확히 모르는 것도 있었네?"

"정확하게 기록되지 않은 것까지는 알 수가 없어."

내가 은근히 놀리자 매소피아는 짧게 대답했다. 컴퓨터 주제에 핑계까지 대다니. 하지만 이렇게 멋진 곳으로 순식간에 보낼 수 있다니, 정말 대단하긴 대단했다.

"근데 여기엔 왜 온 거예요?"

"플라톤은 말했다. 놀라움 없이 철학은 결코 있을 수 없다고. 그의 제자 아리스토텔레스도 그랬지. 예나 지금이나 철학은 놀라움에서 시작되었다라고."

"플라톤, 아리스토… 텔레스요?"

"잘 모른다고 기죽을 거 없다. 지금부터 알아 가면 되니까. 중요한 건 놀라움이란 단순히 예기치 않은 일이 닥쳤을 때의 반응이 아니라 지혜를 유발하는 '왜 그럴까'의 지적 호기심을 뜻한다는 걸 알아야 한다."

아르키메데스

"'왜 그럴까'의 지적 호기심이라."

"쉿! 저기 오는구나."

박사님이 가리킨 방향으로 고개를 돌린 나는 깜짝 놀랐다. 어떤 남자가 실오라기 하나 걸치지 않은 채 달려오고 있었다.

"유레카, 유레카!"

점점 다가오는 그의 얼굴에는 확신과 기쁨이 그득했다.

"뭐예요, 저 사람? 변태인가요?"

"아르키메데스(Archimedes, BC 287?~BC 212?)다."

"아르키메데스? 누군데요?"

"그리스의 수학자이자 물리학자로, 지렛대의 원리를 발견했고 현대 우주과학자들이 사용하는 정밀한 원주율도 계산해낸 위대한 인물이다."

"아, 알아요, 아르키메데스!"

"구, 원기둥, 원뿔의 부피의 관계식 '구의 부피는 같은 높이의 원기둥 부피의 $\frac{2}{3}$이고, 원뿔의 부피는 같은 높이의 원기둥 부피의 $\frac{1}{3}$이다'라는 정리도 저 사람이 만든 걸 아니? 모르지?"

매소피아가 갑자기 끼어들어 속사포처럼 말을 쏟아냈다. 잠시 당황했지만 나는 곧 정신을 차리고 말했다.

"모르긴 왜 몰라. 그런데 원뿔의 부피가 원기둥 부피의 $\frac{1}{3}$이 정말 맞는 거야?"

"원뿔에 물을 가득 담은 다음, 원기둥에 부어보면 확인할 수 있지."

"간단하네?"

"간단하지!"

원뿔의 부피는 같은 높이의 원기둥 부피의 $\frac{1}{3}$이다!

"구의 부피는?"

"간단해. 물이 가득한 원기둥 속에 넣었다 빼면 부피를 측정할 수 있지."

"간단하네."

"간단하지."

"자자, 그럼 부력의 원리를 알아낸 아르키메데스를 따라가 볼까."

아르키메데스를 따라 집으로 들어가자 그는 분주하게 오가며 실험을 준비하고 있었다.

"뭘 하고 있나?"

"아니 박사님! 어쩐 일이십니까?"

"지나가다 자네를 보고 뒤따라왔네. 그런데 많이 바빠 보이네?"

"사실 얼마 전에 왕궁에 불려갔습니다. 히에론 왕이 세공사에게 순금덩이를 주고 신에게 바칠 금관을 만들도록 시켰는데 완성된 금관을 둘러싸고 말썽이 벌어졌습니다. 세공사가 순금 대신 은을 섞었다는 고발이 들어

왔기 때문이었죠. 겉보기엔 전혀 문제가 없었고, 왕실에서 제공한 금과 무게까지 같으니 확인할 방도가 없었던 겁니다. 왕이 제게 '금 이외의 다른 금속이 혼합되었는지를 확인해보시오'라고 말하더군요. 제가 말했죠. 금속 중에 금이 가장 녹이기가 쉽고 다른 금속과 쉽게 혼합할 수 있으니 금과 은을 섞었을 수도 있고, 또 은으로 왕관을 만들고 그 표면 위에 금박을 했을 가능성도 있다고요. 왕관이 도금됐다면 윗면을 살짝 벗겨서 확인하면 된다 하니 왕이 펄쩍 뛰더군요. '안 돼! 그건 신에게 바칠 신성한 것이니 절대 표면을 상하게 할 수 없다'고 하더군요."

"그래서 어떻게 됐는데요?"

"관심이 있나, 소년?"

나는 대답 대신 고개를 끄덕였다.

부력의 원리 발견

"문제의 핵심은 '왕관을 상하게 하지 않고, 순금인지 아니면 은이 섞여 있는지'를 밝히는 것이지. 나는 며칠 동안 문제의 실마리조차 잡을 수 없었어. 골머리를 앓다 지쳐서 잠깐 머리를 식히려고 목욕탕에서 쉬기로 했지. 그러나 생각은 온통 왕관뿐이었어. '금은 무엇인가', '은은 무엇인가'를 끊임없이 고민했지. 금, 은, 동 등 주요 금속의 본질에 대해 생각했어. 금과 은은 서로 다른 고유의 밀도를 갖지. 따라서 일정한 무게에 대해 서로 다른 부피를 차지한다. 가령 1,000g의 골드바와 실버바의 질량은 같지만 금의 부피는 $56cm^3$, 은은 $91cm^3$거든. 그렇다면 밀도가 얼마겠니?"

"밀도는 질량 나누기 부피니까, 금은 $\dfrac{1,000}{56}\,g/cm^3$고, 은은 $\dfrac{1,000}{91}\,g/cm^3$에요. 맞나요?"

"그래. 정확히는 금은 $17.86g/cm^3$, 은은 $10.99g/cm^3$지. 은이 금보다 밀도가 작으니까, 은이 섞인 왕관이라면 순금으로 된 왕관보다 부피가 늘어날 거라고 예상했다. 욕탕에 몸을 담그고 이런 저런 생각을 하고 있는데, 물이 탕 밖으로 흘러넘치는 걸 보다가 이거다 하는 생각이 번쩍 들었지."

"뭔데요?"

"자, 봐라!"

아르키메데스는 똑같은 크기의 두 물통을 앞에 두고 왕에게 받은 왕관과 같은 무게의 금덩이를 보여주었다. 그러고는 각각의 물통에 왕관과 금덩이를 조심스럽게 집어넣었다.

"흘러나온 물의 양이 다르지? 그렇지?"

"그렇네요."

"유레카!"

아르키메데스가 큰 소리로 외쳤다.

"그 세공사는 은을 섞었다는 거지. 하하하."

아르키메데스는 웃으며 온 방 안을 뛰어다니다 밖으로 뛰쳐나갔다. 다행히 이번엔 옷을 입고 있었다.

"어떠냐, 뭔가 좀 알겠냐?"

이제껏 말 한마디 없던 박사님이 나에게 물었다.

"글쎄요, 알 것도 같고 모를 것도 같아요."

"밖으로 나가자꾸나."

철학적 의문이 원리를 끌어낸다

우리는 거리를 걸었다.

"아르키메데스는 부력을 이용해 금속의 본질적인 차이를 찾아낸 거다. 비슷한 이야기가 있다. 영국의 수리철학자 버트런드 러셀(Bertrand Russell, 1872~1970)은 단편적인 수학에서 벗어나 '수란 무엇이고, 사람들은 언제부터 수를 사용했을까'를 고민하기 시작했지."

"또 철학이네요."

"철학은 어디에든 있다. 러셀은 '수란 무엇인가'에 집착해 수와 셈의 의미에 대해 고민하고 연구했지. 그러다 어느 순간 '수의 시작이 두 마리의 양과 두 개의 돌멩이 사이에 일대일의 대응이 성립한다는 사실을 깨우쳤을 때'라는 것을 깨달았다. 전혀 다른 두 개의 돌멩이, 두 개의 연필, 두 개의 나라를 모두 숫자 2로 나타낼 수 있다는 사실을 깨달은 거지. 이것이 '비둘기가 집 수보다 많으면 반드시 한 집에는 두 마리 이상의 비둘기가 들어가야만 한다'는 비둘기집의 원리다."

"그건 유치원생도 아는 사실이에요."

"물건을 던지면 모두 땅으로 떨어진다는 '중력의 원리'는 근대물리학의 기본이다. 간단하고 모두가 당연하게 여기는 것에 놀라고 의문을 던지는 것이 바로 철학과 수학의 출발점이다. 모든 건 거기에서 출발하지."

박사님은 길가의 돌멩이를 주워 한참 떨어져 있는 나무를 향해 던졌다. 나뭇가지에 맞고 튄 돌멩이가 근처에서 잠들어 있던 커다란 개의 머리에 맞았고, 개는 사납게 짖으며 주변을 두리번거렸다.

"지적 인간(homo sapiens)은 놀라움에 반응하면서 계속 새로운 문명을 열어왔다. 수학 역시 그 초심을 잃지 않고, 발전의 단계마다 철학적 의문을 제기하고 발전해왔다."

박사님은 또 돌멩이 하나를 주워 멀리 던졌다. 주변을 살피던 개가 박사님의 손끝을 유심히 쳐다보는 걸 나는 불안하게 바라보았다.

"비둘기집 원리는 정말 간단하지만 중요한 수학문제를 해결하는 열쇠로 이용되었다. 인간, 동물, 돌멩이 등 무엇이든 두 집단 사이에 일대일이 성립하면 같은 수로 표시할 수 있다는 거지. 이 단순한 사실은 자연수 전체와 유리수 전체의 개수가 같다는 것을 증명하는 것이었다."

"유리수가 자연수보다 압도적으로 많은데, 같다니요?"

"아직 이해 못하겠지만 비둘기집 원리는 간단해 보이지만 상식도 뒤엎어버리는 대단한 원리다. 자연수, 유리수가 모두 무한이라는 사실에서 증명된다. 대우주가 지구만한 블랙홀에 빨려들어 간다는 이야기를 들었지? 수학에도 그런 환상적인 일이 많다."

"만화 같아요."

"그래, 수학은 만화보다 더 재미있지! 고대 로마 때 지어진 달력에 관한
시가 있다.

> 로마의 일 년은 달이 열 개다
> '열'이라는 수는 매우 존귀한 수
> 언제나 우리는 10개의 손가락으로 수를 셈하고
> 임신하면 10개월 만에 아이가 태어난다
> 10이 되면 다시 새로운 리듬이 시작한다

이 시는 수를 일대일로 손가락에 대응시켜 십진법이 시작되었음을 시사
한다. 10진법이 발명되어 수의 체계가 구성되고 수학이 시작되었다는 뜻
이지. 돈아야, 철학이나 수학은 어렵고 거창한 명제가 아니라 당연하고 간
단한 사실에서 출발했다는 걸 꼭 명심해야 한다."

"박사님!"

내가 다급한 목소리로 외쳤다.

"어허, 침착하래도. 하지만 철학은 오랫동안 사색하고 고민하다보면 어
느 순간 한줄기 빛이 번쩍 하지. 오오, 유레카! 얼마나 훌륭한 학문인가!"

"박사님! 그게 아니라요."

"힘들겠지. 이제껏 입시에만 매달려 왔으니 어려울 거야. 이해한다. 하
지만 이제부터라도 철학적 물음에 관심을 가져야 한다. 수학이란 무엇인
가? 철학이란 무엇인가? 이도 저도 아니면 왜 이렇게 수학은 재미가 없는

걸까라는 거라도 고민해라!"

"그게 아니라 저기를 좀 보세요, 박사님. 저 개가 이쪽으로 달려오고 있어요. 저건 그냥 컴퓨터 프로그램인 거죠?"

정말이지 사납게 이를 드러내며 개가 달려오고 있었다.

"매소피아가 슉, 하면 사라지는 거죠? 그렇죠, 박사님?"

옆을 돌아보니 박사님의 모습은 보이지 않았다. 박사님은 이미 몇 걸음 앞에서 있는 힘을 다해 뛰고 있었다.

"돈아야, 뛰어라. 저건 가짜가 아니니까."

"네?"

"어서! 개한테 물리고 싶지 않으면."

정신이 번쩍 든 나도 있는 힘을 다해 뛰기 시작했다.

"도대체 여긴 어디에요? 박사님, 대체 여긴 뭐하는 곳인 거예요? 매소피아, 집으로 날 보내줘~!"

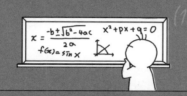

3장
수학에서 증명은 정말 중요해!
탈레스, 작도와 동치율에 대해 논하다.

'빠르다, 빨라. 누가 저 분을 노인이라 하겠어?'

나는 앞서 달려가는 박사님의 등을 바라보며 고개를 가로저었다. 엄청난 체력이었다. 있는 힘을 다했는데도 도저히 따라잡을 수가 없었다. 숨은 이미 턱까지 차 있었고 다리는 후들거리고 땀은 비 오듯 쏟아지고 있다. 팔다리가 후들후들거렸다. 뒤를 돌아보니 개는 보이지 않았다. 나는 자리에 서서 숨을 몰아쉬었다.

"박사님! 못 뛰겠어요, 이젠. 더 이상 한걸음도⋯."

"체력이 형편없구나. 고작 그 정도 달리고 얼굴이 사색이 되다니."

"박사님, 저희는 이렇게까지 달릴 일이 없어요."

"1년 365일, 책상 앞에만 앉아 있으니 그렇지."

"체력이 좋다고 대학에 합격하는 건 아니니까요."

"진정한 배움은 지(知)와 체(體)가 조화로울 때 가능한 거다."

"그런 이야긴 귀가 닳도록 들었어요. 하지만 현실은 그렇지 않잖아요."

"안타깝구나, 안타까워."

박사님은 한숨을 쉬며 바다를 보았다. 바다? 갑자기 웬 바다? 나는 그 제야 주위를 천천히 둘러보았다. 박사님과 나는 바다가 내려다보이는 언덕에 서 있었다.

"박사님, 여긴 대체 어디…?"

"고대 그리스의 식민지였던 이오니아(Ionia)다. 저기 보이는 바다가 바로 에게 해(Aegean Sea)고. 봐라, 근사하지?"

나는 주위를 둘러보았다. 확실히 아름답고 멋진 풍경이었다.

"이곳은 철학의 아버지라 불리는 탈레스가 태어난 곳이지."

박사님이 말했다. 철학, 또 철학, 그럼 그렇지. 나도 모르게 한숨이 새어 나왔다.

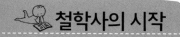

철학사의 시작

철학은 언제부터 있었는가

"박사님, 전부터 궁금한 게 하나 있었어요."

"질문이라면 언제든 환영이다."

"고대 사람들도 정말 철학을 고민했을까요? 어른들이 곧잘 등 따시고 배부르면 고민이 많아진다고 하잖아요. 옛날 사람들은 자원이나 식량도 부족했을 거고 생활공간도 불안정했을 텐데 철학을 고민할 마음의 여유가 있었을까요?"

"철학을 너무 거창하게 생각하지 마라. 인간은 생각하는 동물이다. 가축을 기르기 훨씬 이전, 들판이나 동굴에 살면서 나무 열매를 따먹고 짐승을 직접 사냥해 잡아먹으면서도 '우리는 어디에서 왔을까?', '죽으면 어디로 갈까?'와 같은 것들을 궁금해 했다. 이 모든 것이 바로 철학의 출발점이다. 고대인의 유적에서 발견된 신의 모습을 새긴 돌멩이나 어린아이 유골과 함께 놓인 실로폰 그리고 뿌려진 꽃가루 등은 그들도 지금의 우리와 다름없이 사후의 세계를 생각했다는 걸 알려주는 증거지."

"실로폰이요?"

"죽은 아이 곁에 실로폰을 넣어준 건 사후 세계에서 가지고 놀 장난감을 챙겨준 거다. 죽어서도 외롭지 않기를 바라는 마음에서 말이지. 신과 사후의 세계를 상상했던 그들은 이미 나름의 철학, 종교를 가졌던 것이 확실하다. 『성경』, 『논어』의 모태는 5,000년 전에도 존재했던 셈이다. 철학사에 관한 대부분의 문헌은 철학이 탈레스(Thales, BC 624?~BC 546?)로부터 시작되었다고 기록하고 있다. 그는 '세계가 물에서 시작하고 물로 돌아간다'고 믿고 '만물은 물이다'라고 주장했다. 역사상 처음으로 세계의 뿌리를 생각하고 체계적으로 설명했지."

"물이 만물의 근원이라니. 잘 이해가 안 가요."

"아리스토텔레스(Aristoteles, BC 384~BC 322)는 탈레스보다 250년 뒤의 인물이다. 하지만 아리스토텔레스는 자기 이전 철학자들의 주장을 정리해 『형이상학(形而上學)』이라는 훌륭한 책을 남겼다. 이 책은 최초의 철학사라는 점에서 아주 중요한 문헌이지."

"형이상학이요?"

"형이상학이란, 이를테면 '세계는 무엇인가?', '시간은 언제 생겼는가?', '죽으면 어디로 가는가?'와 같이 증명할 수 없는 것을 생각하는 거다. 네겐 조금 어려운 개념이려나. 하지만 간단히 생각해볼 수도 있다. 결국 형이상학은 철학의 출발점에 있는 제1원리야. 이 책에서 아리스토텔레스는 탈레스가 처음으로 하나의 원리(물)로 세상의 모든 현상을 설명하려 시도한 것으로 보고 탈레스를 철학의 아버지라고 평가하고 있단다."

철학의 시작

"고대의 유명 철학자들이 대부분 그리스에 모여 있는 것 같아요. 그리스 철학이 그렇게 대단한가요?"

"그리스는 역사적으로 로마, 터키 등의 지배를 받으면서 인종이나 언어가 많이 훼손되고 변질되었다. 그렇지만 그리스 고유의 정신은 계속 유럽에 계승되어 왔지. 오늘날의 모든 학문, 문예가 고대, 기원전 2세기 이전의 그리스에서 나왔다는 뜻으로 그 문화는 '그리스의 기적'이라고도 불린다. 서양문화의 뿌리는 그리스문화였고 그 뿌리가 바로 탈레스에서 비롯되는 철학이다. 서양어의 뿌리를 파헤쳐보면 대부분 그리스어인 것도 그 때문이다."

"철학(哲學)은 한자가 아닌가요?"

"맞다. 하지만 사실은 19세기 말, 근대화 이후 서양의 학문이 동양에 들어오면서 영어 'philosophy'를 번역한 것이다. 'philosophy'는 그리스어 'phileo(사랑한다)'와 'sophia(지혜)'를 합성해서 만든 것이다. 그 뿌리를 이젠 알겠지?"

"사랑과 지혜라고요? 철학과는 좀 어울리지 않는 것 같은데요?"

"아리스토텔레스의 스승, 플라톤(Platon, BC 427?~BC 347?)은 '소피'라는 단어를 중요하게 여겼다. 그는 주변의 철학자들을 설명할 때 이 단어를 사용했지. 그는 스승 소크라테스(Socrates, BC 470?~BC 399?)를 단순히 '지혜 있는' 사람이 아닌 '지혜를 사랑한 사람'이라고 표현했다. 이들이 바로 철학자다."

"지혜를 사랑하는 사람, 철학자."

"플라톤이 아테네 교외에 세운 아카데미아(Academia)는 현재 대학교의 모체라 할 수 있다. 그곳은 철학을 연구, 아니 철학을 사랑하는 곳이다. 그리스 학문을 정리하기 위해 아리스토텔레스가 세웠고, 수학을 가장 중요하게 여겼지. 그 전통은 학술원(Academy)이라는 이름으로 오늘날까지 이어져오고 있다. '모든 학문의 뿌리는 그리스에 있다'는 말은 바로 이 두 사람, 플라톤과 아리스토텔레스에 의해 생겨났다고 해도 과언이 아니지."

탈레스를 만나다

박사님은 조용히 바다를 내려다보며 언덕을 따라 걸었다. 나는 그 뒤를 따르며 고대 그리스의 대학이라던 아카데미아를 상상했다. 당시 아카데미아에서 연구한 사람들은 어떤 생각을 하고 어떤 공부를 했을까? 지금의 나처럼 그저 정해진 대로, 그냥 어른들이 시키는 대로, 좋은 대학을 가기 위해, 보다 안정적인 미래를 위해 필요한 공부만을 했을까? 곰곰이 생각할수록 왠지 그건 아니었을 것 같았다.

"이 세계는 무엇이냐?"

갑작스러운 박사님의 질문에 순간 말문이 막혔다.

"물입니다."

"왜?"

"탈레스가 그렇게 말했다면서요?"

"세계란 무엇인지, 네 생각을 말해봐."

"세계가 세계지, 뭐예요?"

"생각을 좀 해보고 이야기해줄래?"

나는 잠시 생각했다.

"음, 모르겠어요."

"어린아이보다도 못한 대답이구나."

자존심이 상했지만 나는 가만히 있었다. 탈레스의 '물'이 아니면 세계가 세계지, 또 뭐란 말인가. 다른 답은 떠오르지 않았다.

"하지만, 그게 돈아 네 잘못이 아니라는 걸 나는 잘 알고 있다. 대한민국의 교육현실이 너희들로부터 상상력을 빼앗고 창조적인 사고를 할 기회를 차단해버린 탓이지. 의기소침해할 필요 없다."

"맞아요, 박사님. 저는 학원, 학교 선생님이 가르쳐주신 내용을 그대로 외우라고 훈련 받았으니까요."

"안다. 하지만 앞으로는 끊임없이 사고하는 것에 익숙해져야 한다. 돈아, 넌 수학을 잘하고 싶댔지?"

"네. 하지만 수학과 사고가 무슨 상관이 있나요? 수학은 그냥 문제를 푸는 거잖아요."

"그런 마음으로는 평생 수학 꼴찌를 못 면할 거다. 수학만큼 창의적인 사고를 필요로 하는 학문이 없다."

'아는 것이 힘이다'라는 말이 새삼 실감이 났다. 아는 게 없으니 박사님의 말을 반박할 수가 없었다.

"아, 저기 있군. 이 시대 친구들은 죄다 비슷한 느낌이어서 찾기가 힘들어. 이보게, 탈레스! 탈레스! 저 친구 또 정신이 빠져 있군."

남자는 깎아지른 절벽의 끝에 서 있었다.

"이보게, 탈레스."

"박사님이셨군요. 여기는 또 어쩐 일이세요?"

"자네를 보러 왔지. 돈아야, 왜 거기 있냐? 이리로 와서 인사해라."

"박사님, 거긴 좀 무서운데요."

"어쩔 수 없지. 가세, 탈레스."

"겁이 많은 소년이군요."

박사님과 탈레스가 천천히 다가왔다.

"안녕하세요, 홍돈아입니다."

"난 탈레스다. 반갑다."

"탈레스, 뭘 보고 있었나?"

"세계를 보고 있었습니다. 세계가 곧 물이니까요."

역시. 이 사람도 이상하구나.

"산, 물, 바람 등 자연의 관계는 신비하지요. 바람이 불면 구름이 모이고, 구름이 모여 비를 내리게 하고, 산골짜기에서 시작된 냇물이 흘러 강으로 모이는 건 일정한 질서에 따른 것입니다. '왜 바람이 부는가?', '왜 물이 흐르는가?' 물이 물고기, 동물, 나무들에게 생명을 주는 그 근본 이유를 찾아 물었지요. 자연은 물 없이 생길 수 있을까? 이것이 바로 제 철학의 시작이지요."

나는 옆을 돌아봤다. 박사님은 팔짱을 끼고 백 번 공감한다는 듯, 고개를 끄덕이고 있었다. 정말 이상한 사람들이다.

기본 원리, 아르케

"모든 것은 물에서 시작해서 물로 돌아간다. 세계는 물로 덮여 있고 대지는 물 위에 떠 있다."

"그게 아닌데…"

나는 말을 막으려 했지만 탈레스는 아랑곳하지 않았다.

"나는 인류 역사상 최초로 전 세계를 하나의 기본원리(arche, 아르케)로 설명하려 시도했다."

"그것이 물이라는 말이죠?"

"그렇다. 나는 늘 이 바위 위에 앉아 바다와 육지, 산과 나무 등이 왜 생겼을까' 생각했다. 물은 산을 깎아 돌과 흙을 만들어내고, 바다를 이루고, 바다엔 물고기, 해초 등 생물이 풍부하다. 인간은 그것 없이 살아가지 못한다. 우기가 찾아오면 사막에 폭우가 쏟아지고 며칠이 지나면 땅이 초록으로 가득 차지. 그러나 건기가 계속되면 땅은 마르고 식물은 죽어간다. 우기만이 계속된다면 모든 것이 물에 휩쓸려 사라져버리지. 이런 광경을 보면서 나는 물이 생명의 뿌리라는 것을 깨달았다.”

“최근 화성 탐사를 통해 호수가 있었다는 증거를 찾아내면서 화성에도 생명체가 존재할 가능성이 더 커졌지. 물이 있다는 건 곧 생명이 있다는 거니까.”

박사님이 내게 귓속말로 속삭였다.

“그렇지만 물만 마시고 살 수는 없잖아요. 모든 사람들이 그 사실은 다 알고 있다고요.”

“물론 물이 어떻게 생명을 불어넣고, 어떻게 불이나 흙을 만들어내는지에 대해서는 나도 모른다. 하지만 중요한 건 이 명제 하나로 모든 변화를 설명할 수 있다는 ‘믿음’이다. 우리는 그것을 ‘철학적 신념’이라고 한다.”

“그런 식이라면 아무거나 갖다 붙여도 상관없지 않겠어요? 가령 ‘번개가 곧 세계다. 번개는 에너지니까’, 이런 식으로요.”

“그렇다면 너는 세상 모든 것을 생성하는 기본 물질이 번개라고 생각하는 거냐?”

“그냥 생각나는 대로 이야기했을 뿐이에요.”

“무책임하구나. 자신이 믿는 바를 제대로 설명해야 남들도 믿지.”

“탈레스 아저씨도 물만으로는 모든 것을 설명 못하잖아요.”

“주관적인 믿음과 그냥 상상하는 건 다르다. 비록 내 논리의 연결고리에 빠진 부분(missing link)이 있어도 미래의 누군가에 의해 증명될 것으로 믿고 있다. 대학자가 발명한 대원리에도 설명 못한 부분이 있다. 하지만 그 후 누군가가 설명할 것이다. 존재의 근본을 찾는 건 ‘있는 것을 있게 하는 것이 무엇이냐?'라는 질문에서 시작되었다. 나는 이렇게 생각한다. 첫째, 무에서 생긴 것은 없다. 둘째, 기본원리는 하나다. 모든 것은 기본원리로 설명할 수 있다. 셋째, 모든 것은 기본원리에서 나와 그것으로 돌아간다. 나는 이 세 가지 신념을 믿고 기본원리를 '물'로 결론지은 것이다."

"철학은 들으면 들을수록 어려운 것 같아요."

"생각하는 연습을 해라. 철학이란 결국 생각의 깊이를 가늠하는 거니까. '세계란 무엇인가?', '세계의 근본은 무엇인가?'를 묻는 것이 곧 철학의 출발이다."

"그 내용이 잘못된 것이라면 어떻게 하지요?"

"부정하거나 수정하면서 철학은 계속 발전한다."

탈레스의 일식 예언

"너무 서두르지 마라, 돈아야. 이보게, 탈레스. 일식에 대한 이야기를 해줄 수 있겠나?"

"일식 현상은 수학과 천문학의 깊은 관계를 말해주지. 나는 젊은 시절 바빌로니아, 이집트 등을 두루 여행하면서 각 나라의 신관들이 남긴 천문 기록을 읽었다. 일식은 태양과 달, 지구의 주기적인 운동 관계에 의해 발생하는 현상이다. 정확한 날짜를 예측할 수는 없었지만 어림으로 날짜를 짐작했지."

"대학자이신데 정확하게 예측할 수는 없었나요?"

"그게, 최, 선, 이었다."

내 물음에 탈레스는 당황해하며 바다를 향해 걸어갔다. 그러자 박사님이 끼어들어 말했다.

"탈레스가 날짜를 정확히 예측할 수는 없었지만 어림한 것만으로도 당시의 수학 수준으로는 대단한 일이었다. 일식은 17세기 뉴턴(I. Newton, 1643~1727)의 미적분에 의해서 비로소 정확한 예측이 가능해졌으니까. 그 이후에야 미래의 일식에 관해서뿐만 아니라 과거에 일식이 언제 일어났는지도 정확하게 계산할 수 있게 되었다."

"그렇다면 탈레스가 일식을 예언했다는 걸 어떻게 알 수 있나요?"

"역사학의 아버지로 불리는 헤로도토스(Herodotus, BC 480?~BC 420?)의 『역사』에 탈레스가 이오니아인들에게 일식을 예언했던 사실이 기록되어 있다."

6년 동안 지속되어 온 리디아와 메디아의 긴 전쟁 중 갑자기 천지가 어두워지면서 대낮이 한밤중으로 변해 버렸다. '봐라. 백성들의 고통을 무시하고 싸움만 하니 하늘이 천지를 어둡게 했고, 곧 큰 벌도 내릴 것이다'던 탈레스의 예언이 적중한 것이다. 낮이 밤으로 변하는 광경을 본 병사들은 그의 예언을 떠올리며 공포에 빠졌고, 두 나라의 군대 지휘관들은 이를 신의 경고로 받아들여 전쟁을 그만두었다.

"예언만으로 전쟁을 중지시켰다니 영향력이 엄청난 사람이었나 봐요."

나는 오래전 일을 회상이라도 하는 듯 바다를 내려다보고 있는 탈레스를 힐끔거리며 박사님께 물었다.

"실제로 탈레스는 정치 수완도 보통이 아니었다. 리디아가 지중해 연안의 이오니아에 압력을 가하자 탈레스는 외국의 간섭을 단호히 거부하고 자유와 평등을 위해 이오니아 지역의 12개 폴리스(도시국가)를 연합해서 리디아에 대항할 것을 제안했다. 또 이런 일도 있었다. 리디아가 페르시아와 전쟁을 벌이면서 이오니아의 폴리스에 원군 파견을 요청하자, 일부 폴리스들은 리디아의 보복을 두려워하고 원군을 파견했지만 밀레토스 폴리스만은 탈레스의 설득에 넘어가 참전시키지 않았다. 이런 일만 보아도 그의 정치적 영향력이 매우 컸다는 걸 알 수 있다."

상인으로서의 탈레스

"철학자, 정치가, 천문학자! 정말 굉장한 사람이네요."
"상인으로서도 뛰어났단다. 그렇지 않나, 탈레스?"
"맞습니다!"
탈레스가 반색하며 외쳤다.
"상업도시 밀레토스에선 상인의 사회적 위치가 높았어. 무역선이 입항할 때마다 번영을 몰고 오는 상인은 말 그대로 영웅이었지. 나 역시 큰 뜻을 품고 오리엔트, 소아시아까지 무역여행을 하면서 견문을 넓혔다. 결국 상인으로서 성공하고 큰돈을 벌었다. 나는 어느해 봄날 따뜻한 날씨를 느끼면서 그해 올리브 농사가 풍년이 될 거라는 걸 알아차렸다. 그래서 올리브기름을 뽑는 기계를 다량으로 사들였지. 예상대로 올리브는 대풍년이 되었지만, 기름을 뽑을 기계가 없었어. 내가 다 사들였으니까. 사람들은 큰 돈을 주고 내게서 기름을 뽑아야 했다."

"그건 매점매석(買占賣惜)이잖아요. 상도덕에 어긋나는 일 아닌가요?"

"무역 국가였던 고대 그리스는 그런 일을 전혀 나쁘게 생각하지 않았다. 기회는 누구에게나 있었던 거잖니? 도덕이라는 건 결국 철학적 문제다. 하버드대 마이클 샌델(Michael J. Sandel, 1953~) 교수도 『정의란 무엇인가』에서 매점매석이 부도덕한 것만은 아니라고 논하고 있지."

"맞습니다, 박사님. 유연하게 사고해야죠. 역사라는 건 결국 그 시대를 살아가는 사람들에 의해 만들어지는 거니까 역사를 관찰할 때는 편견에 사로잡히지 말고 객관적이고 이성적으로 판단해야 합니다."

탈레스와 수학

나는 탈레스라는 사람을 이해할 수 없었다. 박사님이 대단한 사람이라고 해서 일단 말은 들었는데, 모든 게 두루뭉술하고, 모르는 사실은 대충 얼버무리고, 당최 신뢰가 가지 않았다. 박사님도 이런 내 기분을 눈치챈 모양이었다.

"수학 이야기를 해볼까?"

박사님이 말했다.

"수학이요?"

미간을 찌푸리며 대답하는 나와는 달리 탈레스의 눈빛은 반짝 빛났다.

수학의 아버지, 탈레스

"수학 이야기야, 몇 날 며칠 밤을 새워도 좋죠. 사실 나 이전에도 수학자는 있었고, 그들 역시 도형과 수에 대해서 상당한 지식을 가지고 있었지만 증명의 중요성을 알지 못했다. 내가 수학의 아버지로 불리는 이유는 그것에 증명이 필요하다고 생각했기 때문이지."

"증명이요?"

"그렇다. 증명! 증명이야말로 수학의 생명이다."

"도형과 수는 이집트가 유명하지 않나요? 피라미드 말이에요."

"상식은 좀 있구나. 살아 있으면서 생명의 의미를 묻지 않는 사람이 많은 것처럼 수학을 공부하면서도 증명의 의미를 모르는 사람이 많다. 네 말대로 이집트는 농업 제국이었기 때문에 계절의 변화에 민감했고 천문학 수준도 굉장히 높았다. 토지를 분배하고 농업용 수리시설을 만드는 일이 그들에겐 가장 큰 관심사였기 때문이지. 이집트에서 학문이란 넓은 영토와 많은 농민을 다스리는 중요한 정치적 수단이었다. 때문에 신관이나 관료들이 학문을 독점하고, 그들이 내세우는 수학 지식에 대해서는 누구도 이의를 제기하지 못했다."

정치체제와 수학의 성격

	정치체제	수학자의 신분	목적	증명의 유무
대제국	왕제	관리	정치	없음
그리스 도시국가(폴리스)	민주	철학자	사색	필요

"어떻게 그게 가능했을까요?"

"강력한 왕권국가였기 때문에 권력을 두려워했고, 그러니 신관을 믿을 수밖에 없었다. 아무튼 그들의 건축물이나 복잡한 도형들은 이집트의 수학자들이 다양한 수학적 문제에 관해 방대한 양의 지식을 갖고 있었다는 걸 시사한다. 그러나 그들은 농민들이 불평하지 않도록 식량, 토지를 분배하는 일에만 그 지식을 활용했을 뿐이다. 명확한 증명 없이 계산에만 급급했던 거지."

"증명이 그렇게 중요한가요?"

"수학과 증명은 이른바 삶과 생명의 관계라 했다. 나는 진리는 곧 증명되는 것이라 믿었다. 진리는 이 세상의 모든 사람이 납득할 수 있고, 증명은 그것을 가능케 한다. 남에게 진리가 진리임을 믿게 하는 수단은 오직 증명뿐이다."

"탈레스가 얼마나 위대한지 조금은 알겠지, 돈아야? 오늘날 너희들이 배우는 수학은 모두 탈레스의 증명 정신을 계승한 것이다. 다시 말해 혼자만 알고 납득할 수 있는 지식이 아니라 모든 사람이 인정할 수 있는 수학을 만든 거지. 말하자면 탈레스는 제국의 수학에 맞서 폴리스의 수학을 실천한 셈이지."

"그러니까 탈레스 때문에 수학이 이렇게 어려워졌다는 말씀이죠?"

내가 입을 삐쭉 내밀며 말하자 박사님이 혀를 찼다.

"너는 정말 더 철학 공부를 해야겠구나. 아직 갈 길이 멀다."

탈레스의 증명 원리

탈레스는 수학 이야기에 신이 나서 바닥에 그림을 그려가며 설명을 이어갔다.

"증명이라고 해서 너무 어려워할 것 없다. 알고 나면 한없이 쉽고 단순한 것이 바로 증명이니까. 내가 이집트에서 배운 학문을 그리스의 지적 풍토에 맞게 증명을 해봤다.

1. 원은 지름으로 이등분된다.
2. 이등변삼각형의 두 밑각의 크기는 같다.
3. 교차하는 두 선분의 맞꼭지각의 크기는 같다.
4. 두 개의 삼각형에서 두 각과 그 사이의 변의 길이가 같으면 합동이다.
5. 지름에 대한 원주각은 직각이다.

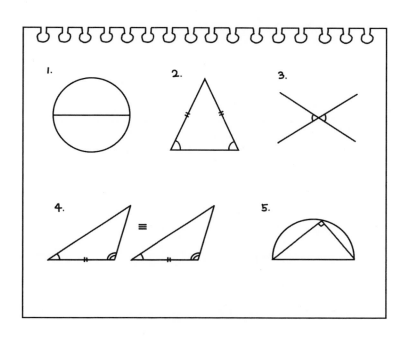

어때, 소년? 이 정도 정리는 알고 있지?"

이제껏 지겹게 보아왔던 그림들이었다.

"당연히 알고 있죠."

"그래. 하지만 중요한 건 이 정리들이 옳다는 걸 증명하는 거야."

"그래야만 수학인 거죠?"

"그래, 바로 그거야! 자, 보자. '원은 지름으로 이등분된다.' 이 정리를 증명할 때 중요한 게 뭐라고 생각하지? 원에 지름을 그리고 잘라서 한쪽 부분이 다른 쪽과 겹치는지를 생각하면 되겠지. 왜냐하면 '완전히 겹치는 것은 완전히 같다'가 될 테니까. 겹쳐진다는 사실을 보여주는 것이 '같다'

를 가장 확실하게 증명한다고 나는 생각했다."

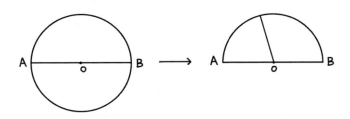

"콜럼버스의 계란 이야기와 같은 맥락이지."

박사님이 불쑥 끼어들었다.

"그게 뭔데요?"

"언뜻 어려워 보이는 문제일지라도 해답을 알고 나면 너무나 간단할 수 있다는 거다. 그러니까 계란을 어떻게 세울 수 있을까 하는 문제를 풀 때 단순하게 계란 밑을 깨뜨리고 세우면 그만이다 하고 답을 내는 거지."

"그렇다. 박사님 말처럼 진리는 원래 간단한 것이다. 결국 서로가 완벽하게 겹친다면, 그거야말로 서로 같다는 걸 의미한다는 거다."

수학사와 탈레스의 증명

"자, 증명의 기본 원리를 알았으니 실제로 증명을 해볼까? '지름에 대한 원주각은 직각이다'를 증명해보자."

탈레스가 바닥에 도형을 그리며 설명을 이어나갔다. 나는 잠자코 그 모습을 지켜보았다.

△OAC와 △OBC는 이등변삼각형이므로 두 밑각의 크기는 같다.
∠OAC = ∠OCA, ∠OBC = ∠OCB

삼각형의 내각의 크기의 합은 ∠2R 이므로
△CAB의 ∠BAC + ∠BCA + ∠ABC = ∠2R 이다.
∠BAC + ∠BCA + ∠ABC = ∠OAC + (∠OCA + ∠OCB) + ∠OBC
              = 2 × (∠OCA + ∠OCB)

따라서 ∠OCA + ∠OCB = ∠R

박사님이 말을 이었다.

"이 증명에 대해서는 후세에 의견이 분분하다. '삼각형의 내각의 합이 2R'이라는 정리를 이용한 이 증명도 피타고라스가 한 것으로 알려져 있는데, 실제로 이 정리와 관련해서는 다음과 같은 글이 역사에 남아 있다."

탈레스는 처음으로 원 속에 직각삼각형을 작도하고 한 마리의 소를 신에게 바쳤다.

"증명하는 방법을 남겨 놨어야 하는 거 아닌가요?"
"유명한 수학역사가 히스(T. L. Heath, 1861~1940)는 '원 속 직각삼각형의 작도'라는 글에서 한 쌍의 대각의 크기가 180°인 사각형은 원에 내접하므로 '직사각형은 항상 외접원 위에 그릴 수 있다'는 사실을 이용하였을 것이라 추측한다."

□ABCD가 원O에 내접할 때, 호 BCD, 호 BAD의 중심각을 각각 ∠a, ∠c 라고 하면

$\angle A = \frac{1}{2} \angle a$, $\angle C = \frac{1}{2} \angle c$ 이고

$\angle a + \angle c = 360°$ 이므로

$\angle A + \angle C = \frac{1}{2}(\angle a + \angle c)$

$\qquad = \frac{1}{2} \times 360° = 180°$ 이다.

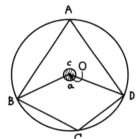

같은 방법으로 $\angle B + \angle D = 180°$ 이다.
따라서 한 쌍의 대각의 크기의 합이
180°인 사각형은 원에 내접한다.

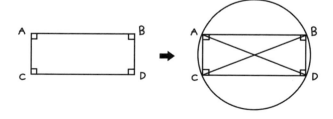

탈레스의 가장 위대한 발견

"그런데 박사님, 이런 것들이 대체 실생활에서 무슨 소용이 있나요? 직각이고 직각이 아니고가 우리 삶에 어떤 영향을 주는 거죠?"

"수학의 모든 건 우리 삶에 깊이 영향을 준단다. 예를 들면 건물의 높이를 측정한다든가 배가 항구에 도착하는 시간을 잰다든가 하는 것들도 이러한 도형의 원리를 통해 간단하게 알아낼 수 있다."

"어떻게요?"

"얘기해주게, 탈레스."

"너는 응용력이 부족하구나. 잘 봐라. 항구에서 보이는 배의 위치를 확인하는 것만으로도 도착시간을 측정할 수 있지. '한 변의 길이와 양끝각의 크기가 같은 삼각형은 합동이다(ASA합동)'라는 정리를 이용해 보자.

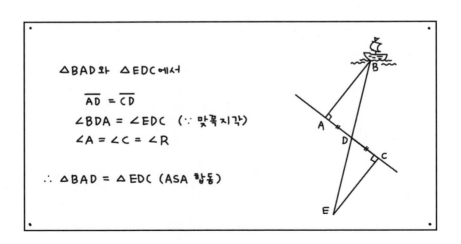

△BAD와 △EDC에서

$\overline{AD} = \overline{CD}$

∠BDA = ∠EDC (∵ 맞꼭지각)

∠A = ∠C = ∠R

∴ △BAD = △EDC (ASA 합동)

그렇게 해서 $\overline{EC}$의 길이와 배의 속력을 측정하고, 시간 $= \dfrac{거리}{속력}$이므로 항구와 배 사이의 거리 $\overline{BA}$와 같은 $\overline{EC}$의 길이를 속력으로 나누면 배의 도착시각을 맞출 수가 있다."

　박사님이 덧붙였다.

　"또 탈레스는 당시 피라미드의 높이를 재는 것에 성공했는데, 이 일은 이집트의 왕은 물론이고 모든 수학자들에게 큰 충격을 주었다. 헤로도토스는 자신의 책 『역사』에 '탈레스는 자신의 키와 그림자의 길이가 같아지는

△ABC 와 △A´BC´는 닮은 삼각형이므로

피라미드의 높이 : 막대의 길이 =
피라미드 그림자의 길이 : 막대 그림자의 길이

$\overline{AC} : \overline{A'C'} = \overline{BC} : \overline{BC'}$

$\dfrac{\overline{AC}}{\overline{A'C'}} = \dfrac{\overline{BC}}{\overline{BC'}}$

$\therefore \overline{AC} = \dfrac{\overline{BC}}{\overline{BC'}} \times \overline{A'C'}$

막대로 피라미드의
높이를 측정할 수 있지!

시각에 피라미드의 그림자 길이를 측정하여 피라미드의 높이를 알아냈다'
고 기록해놓았다. 그런데 '이등변삼각형의 두 변의 길이가 같다'는 공식을
사용하려면 하루 중 키와 그림자의 길이가 같아지는 순간에만 측정이 가
능하지. 하지만 '비례의 정리'를 이용하면 굳이 키와 그림자의 길이가 같아
지는 시각을 기다릴 필요 없이 언제라도 측정이 가능하다. 결국 수직으로
뻗은 피라미드의 높이를 구하기 위해 키와 그림자의 길이, 피라미드의 그
림자를 측정하면 된다. 어때, 수학이 엄청 유용한 것 같지 않냐?"

"네."

나는 힘없는 목소리로 대답하며 고개를 끄덕였다.

변과 각의 영어단어 Side와 Angle의 첫 글자를 따서 합동조건을
간단하게 표현할 수 있다.

① SSS 합동 : 세 대응변의 길이가 각각
   같을 때.

② SAS 합동 : 두 대응변의 길이가 각각
   같고, 그 끼인 각의 크기가 같을 때.

③ ASA 합동 : 한 대응변의 길이가 같고,
   그 양 끝 각의 크기가 같을 때.

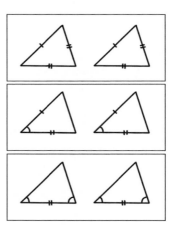

탈레스의 정리

"탈레스가 피라미드의 높이를 계산할 수 있었던 건 닮은 두 직각삼각형 변의 길이 비가 같다는 것을 알았기 때문이다. 탈레스는 실제로 그 원리를 이용해서 높이를 알아낸 것이지. 또 하나 덧붙일 탈레스의 정리를 꼽자면, 세 쌍의 평행한 직선에 관한 걸 말할 수 있다. 그림처럼 3개의 평행선과 2개의 직선이 평행하지 않게 만날 때 $\overline{AB} : \overline{BC} = \overline{A'B'} : \overline{B'C'}$가 성립한다. 점 A와 점 A'가 일치하여 삼각형이 된 경우에도 이 정리는 성립한다."

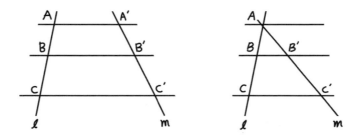

"정말 똑똑한 사람인가봐요, 탈레스는."

내 말을 들었는지 탈레스가 불쑥 끼어들며 말했다.

"나는 천재가 아니다. 많은 경험과 끝없는 호기심, 현상에 대한 깊은 사유를 통해 풍부한 지식을 얻을 수 있었다. 학문의 생명은 진보이자 창조다. 아무리 많은 지식이 쌓여도 문명의 발전에 기여하지 않았다면 케케묵은 지식이 될 수밖에 없다. 지식을 쌓는 것만으로는 창조적인 인간이 될 수 없다. 끊임없이 기존의 지식에 의문을 품고 스스로 고민하는 일을 반복해야만 창조적인 인간이 될 수 있다는 걸 명심해라.”

“옳은 말이다. 뉴턴은 로버트 후크(R. Hooke, 1635~1703)에게 쓴 편지에서 이렇게 적었다. ‘거인의 어깨에 올라서서 더 넓은 세상을 바라보라.’”

“그렇다면 저는 어떻게 해야 할까요?”

답답한 마음에 질문을 던지자 박사님과 탈레스가 약속이라도 한 것처럼 동시에 대답했다.

“그런 걸 스스로 고민하라는 거다!”

“하지만 모르겠는걸요.”

“풀죽을 것 없다. 시간은 많다. 참다운 인간이란 후세에 도움을 주는 사람이며 그들은 창조에 보람을 느끼며 살아간다. 철학은 그 길을 알려준다. 눈앞에 일어나는 일의 배후에 무엇이 있고 세상이 돌아가는 방향, 더 나아가서는 자신이 이 세상에 있는 이유를 묻게 하지. 철학을 가까이 하게 됨으로써 인간은 더 성숙해지고 더 나은 존재가 될 수 있는 것이다.”

“결국 또 철학인가요?”

내가 묻자 박사님은 싱긋 웃으며 말했다.

“그렇지. 왜 이상하냐?”

하지만 난 아직까지도 잘 모르겠다. 철학이 어째서 그토록 중요한 건지.

동치율

“수학에서 ‘같다’와 ‘같지 않다’를 구별하는 것은 생각의 출발점이다. 마치 판사가 두 사람의 시비를 가리는 것과 비슷하지. '같다'엔 여러 가지 뜻이 있다. 평상시 흔히 사용하는 '부자지간처럼 같다, 형제간처럼 같다, 쌍둥이처럼 같다'에서 '같다'는 모두 '같다'라고 하지만 실제 그 내용은 다르지."

"제법 닮았을 때는 같다고, 완전 닮아서 구분이 안 될 정도면 똑같다고 하는 거 말이에요?"

"그래. 그런 식으로 다름을 구별하는 일상 언어보다 수학이 더 철저해. '같다'의 기호도 여러 가지로 나타내는 수학은 '같음'의 학문이라고도 할 수 있지. 수학기호를 생각해봐라. 선분의 길이가 같고 나란한 것처럼 같은 것은 없지. 그래서 '='로 '같다'를 나타내고, 도형의 합동(겹친다)은 이것에 같은 선을 한 개 더 붙여 '≡'로 '겹친다'를 나타냈어. '∽'로 나타내는 '닮았다'도 '같다'와 공통적인 의미가 있지. 기하학의 약속이나 기호는 되도록 간단하고 알기 쉬워야 한다."

"정말이지 모든 게 그러면 얼마나 좋을까요?"

"인류는 생각보다 훨씬 오래전에 '='와 '∽'의 관계를 알고 '같다'의 개념을 차츰 확장시켰다.

1. A는 A와 같다. (A=A)

2. A와 B가 같으면 B와 A도 같다. (A=B → B=A)

3. A와 B가 같고 B와 C도 같으면 A와 C도 같다. (A=B, B=C → A=C)

'같다'는 말 대신 =, ≡, ∽ 기호를 대입해도 그대로 성립하고, 앞의 세 조건을 만족하는 관계를 바로 '동치율'이라고 하지."

"간단히 '동치'라고 하면 되는데 왜 '동치율'이라고 하나요?"

"동치는 '같다'이고, 동치율은 '같다가 될 수 있는 조건'이다. 법과 법률의 차이를 생각해봐."

탈레스가 말을 마치고 혼자 생각에 골몰하자 박사님이 말을 이었다.

"동치율은 결국 비례의 원리를 이해하면 무한 응용이 가능해진다. 남미 페루의 나스카에 있는 거대한 그림을 알고 있겠지?"

"다큐멘터리에서 본 적이 있어요. 거대한 새나 원숭이, 게의 그림을 말하는 거죠?"

"그래. 누가 그렸는지는 알 수 없지만 어쨌든 '비례'를 이용해 그린 그림이라는 것만큼은 분명하지. 먼저 중심점과 작은 원상을 결정하고, 원상의 점 P에 대해서 일정한 비율로 $\overline{OP}$의 연장선상에 점 P′를 잡는다. 같은 방식으로 원상의 점 Q에 대한 점 Q′를 잡는다. 그렇게 함으로써 거대하지만 완벽한 비율을 갖춘 그림을 그려낼 수 있는 거지."

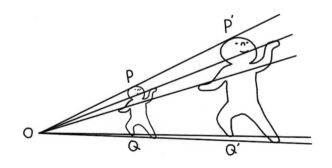

"우아, 엄청난 시간과 인력이 소요됐을 것 같아요. 그런데 그 옛날 사람들에게도 그처럼 뛰어난 수학실력이 있었을까요?"

"기독교의 성서인 『구약』의 신은 자기 모습에 따라 사람을 창조했고, 원시인 동굴의 벽화를 보면 그들도 자기들의 본체(실물)와 닮은 것을 그렸어. 고대인은 직감적으로 비례의 정리를 알고 있었던 거지. 도형에 관해 많은 증명을 했지만, 탈레스의 가장 중요한 업적은 증명의 기본이 '같다'에 있음을 알아낸 거다. 수학을 '같다'의 학문이라고 부르는 건, 명제를 '같다'로 연결해 가는 것이며 결론을 '같다'(동치율)로 유도하는 학문이기 때문이다."

4장
신화의 껍질을 깨고 철학이 탄생했어!
자연철학자들, 수의 원리를 만들다.

신화의 비판에서 탄생한 철학

탈레스는 천천히 언덕을 내려갔다. 박사님과 나는 그 뒤를 따라갔다. 한참을 걸어가자 번화한 시장이 나왔다. 상업이 발달한 도시답게 시장엔 활력이 넘쳤다. 온갖 진귀한 상품들이 상점마다 진열되어 있고, 어느 곳이든 사람들로 북적였다. 이런 왁자지껄한 시장 풍경을 본 건 정말 오랜만이었다. 나는 이 풍경이 매소피아가 만든 가상세계라는 사실도 까맣게 잊고 여기저기를 기웃거리며 즐겁게 구경했다.

"어떠냐? 활기가 넘치지?"

옆에서 지켜보고 있던 박사님이 물었다.

"네. 큰 도시인 건 확실한 것 같아요."

"이오니아는 『일리아스』와 『오디세이아』를 지은 그리스 최고 시인 호메로스(Homeros, BC 800~BC 750)가 태어난 곳이기도 하다. 그가 작가로서의 자립이 가능했던 것도 이러한 경제적 번영이 계속 이루어진 덕분이지."

"〈트로이의 목마〉 이야기는 저도 읽어봤어요."

"그래, 〈트로이의 목마〉가 바로 『일리아스』의 대표적인 내용이지. 두 작품은 신화적인 면이 많이 부각된 것처럼 보이지만 그리스와 트로이와의 전쟁에 관한 사실을 근거로 쓰였다. 슐리만은 어린 시절 그것을 읽고 트로이 유적 발굴에 뛰어들었고 결국 성공했다."

"책 한 권이 슐리만의 인생을 바꾸어 놓았네요."

"『일리아스』와 『오디세이아』에 등장하는 신은 운명을 좌지우지할 정도로 인간의 삶에 깊이 개입되어 있지만, 인간이 로고스(logos)를 의식하고 있다는 것 역시 나타나 있단다."

"로고스요?"

"인간은 동굴에 살 때부터 '세계가 어떻게 생겼는지'를 생각했다. 신화는 인간이 꾸며낸 것이기에 그것을 통해 인간의 세계관을 엿볼 수 있지. 원시적 사고를 지녔던 인간은 합리적으로 설명하지 못하는 부분에서는 언제나 신을 등장시켰다. 신이 인간의 운명을 마음대로 결정하는 이야기는 바로 그런 가치관의 영향이지. 하지만 신이라는 이름 뒤에 숨어 잠자던 인간의 사고는 문명이 발달함에 따라 차츰 깨어나게 된다. 그래서 우리는 '신화(myths)에서 로고스(logos)'로의 이행이 철학의 눈을 열었다고 여긴단다. 특히 그리스인은 유별나게 논리를 중요하게 생각했기 때문에 그 시작이 더 일찍 찾아왔지."

"로고스가 결국 논리라는 뜻인가요?"

"로고스란 논리, 합리, 이성, 진리 등을 포함하는 더 포괄적인 의미의 그리스어다. 다양한 의미로 쓰이고 있지."

"그리스 철학이 로고스를 중시한 이유는 뭔가요?"

"모순을 신의 이름으로 무시하는 신화와 엄격하게 원인과 결과의 관계를 설명하는 논리는 근본적으로 공존할 수가 없다. 그리스인은 차츰 신화의 황당한 요소를 외면하고 논리에 무게를 실었다. 결과적으로 절대적인 신보다는 인간의 이성적 인식을 중요하게 여긴 거지. 결국 인간은 더 이상 신화를 받아들이지 않고 신도 논리를 따라야 한다고 믿게 된 거다. 인간 중심으로 세계를 해석할 때는 신화 속 논리의 비약된 부분이 철학적으로 보충된다. 천 가지, 만 가지로 모습이 변하는 세상에는 근원이 존재한다는 믿음이 있다는 거다. 그 근원을 신화는 상상으로, 철학은 로고스로 설명한다. 가령 '신이 세계를 만들었다'는 신화를 '세계는 기본물질로 이루어졌다'는 식으로 바꾸어 생각한 게 하나의 예지."

"『성경』 속의 신과 그리스 신화의 신은 다른가요?"

"돈아야!"

박사님은 내 등을 세게 내리쳤다.

"아우, 갑자기 이게 무슨. 아파요, 박사님!"

"미안하구나. 하지만 네 질문이 너무 기특해서 나도 모르게 그만…. 놀라운 발전이구나, 돈아야."

등이 얼얼했지만 기분이 나쁘진 않았다.

"헤시오도스(Hesiodos, BC 480?~BC 420?)라는 시인은 호메로스보다 후대의 인물인데, 그가 쓴 『신통기(神統記)』에는 그리스 신의 족보가 나온다. 헤시오도스는 세계가 생겨날 때부터 전해져 온 그리스의 신화를 체계화했다. '처음 카오스가 있었고 다음엔 영원히 변치 않은 대지(Gaia), 그리고 매우 아름다운 에로스(Eros)가 나왔다'는 식으로 모든 신이 등장하는 과정을 기록했다. 이것만 보더라도 『성경』 속의 유일신과 달리 그리스 신화 속 신은 훨씬 인간적이고 인간과의 유대도 깊었다고 생각할 수 있다. 그리스 신화에서 신들은 하늘에 머무르지 않고 인간세계에 내려와 연애도 하고, 인간과 마찬가지로 온갖 시련도 겪는다. 이는 바로 신의 인간화, 로고스의 등장을 예고하는 거였다. 신도 인간과 같이 로고스에 따라야 한다고 믿은 것이다. 로고스는 이것과 저것을 구별하는 데서 시작해 결국 세계를 지배하는 궁극적인 것을 찾아가게끔 만든다. 멋지지 않니?"

자연철학의 시작

탈레스는 확실히 이곳의 유명인사였다. 그가 지나갈 때마다 가게의 상인들이 하던 일을 멈추고 인사를 했고, 그럴 때마다 탈레스는 가볍게 목례를 하며 가던 길을 갔다. 시장을 벗어나자 복잡한 주택가가 나타났다. 대부분의 집이 엇비슷하게 생긴 데다, 좁은 골목길이 끝없이 이어져 도저히 어디가 어딘지 알 수가 없었다. 박사님과 나는 종종걸음으로 탈레스 뒤를 쫓아야 했다. 이윽고 우리는 어느 집 앞에 다다랐고 그 안으로 들어갔다.

"그런데 박사님, 아까 바다를 봤을 때 문득 예전에 본 뉴스가 생각났어요."

"말해보렴."

"오랜 가뭄으로 강바닥이 바싹 마른 호수가 있었어요. 물고기도 모두 죽었죠. 그런데 다시 큰 비가 내렸고 호수에 다시 물이 차자 어디에서 왔는지, 물고기가 다시 나타나 헤엄치더라고요. 그 물고기들은 어디에서 온 걸까요? 호수 바닥에서 솟아난 걸까요, 하늘에서 비에 섞여 내려온 걸까요?"

"철학적인 질문이구나."

나는 깜짝 놀라 되물었다.

"이게요?"

"그래. 그건 '인간은 어디에서 왔을까? 세상은 언제부터 있었던 것일까?'와도 같은 물음이다. 철학의 주요 분야인 존재론에 관한 물음의 시작이라고 할 수 있지. 그 물음에 대해 그리스인은 '무(無)에서 유(有)가 생길 수 없다' 즉 '원래부터 거기에 있었다', '물고기의 알이 호수바닥 흙에 숨어 있었다'고 답했다."

"그러니까 물고기는 원래부터 거기에 있었다는 건가요?"

"명심해라. 그 단순한 '존재하는 것은 무엇이냐?'는 질문이 그리스 자연철학자가 말한 존재론의 시작이다! 그들은 신이 무에서 유를 만들었다는 창조신화를 거부하고 세계의 기원(arche, 원소)을 찾았던 것이다."

"자연철학이요?"

"돈아야, '인간이 어디에서 왔는가?'라는 물음은 네가 생각하는 것만큼 저 멀리 동떨어져 있는 게 아니라 예술가들의 작품 주제가 되기도 한단다. 너 혹시 고갱(P. Gauguin, 1848~1903)이라는 예술가를 아니?"

"그럼요. 〈별이 빛나는 밤에〉를 그린 화가죠."

"그건 고흐다. 고갱은 철학적인 작품을 많이 그렸지."

"그런가요?"

"고갱의 대표작 중에 〈Where Do We Come From? What Are We? Where Are We Going?〉이라는 그림이 있다. 극도의 궁핍과 건강이 악화되자 유서와 같은 대작을 남기기로 작정하고 1년 동안 그린 그림이었지. 오른쪽의 세 여인과 어린 아이는 순결한 생명의 탄생, 중앙의 과일을 따는 젊은이는 인생의 뜻을 이해하려고 노력하는 자세, 왼쪽의 생각하는 여인과 늙은 여인은 죽음을 기다리는 모습 그리고 새들과 배경은 인생의 풍요를 표현했지. 그는 지상의 낙원 속 인물들의 모습을 통해 자신에게 심오한 질문들을 던졌던 거지."

"이게 자연철학과 무슨 관계가 있는 건가요?"

"인간은 물론 동물, 식물, 이런 모든 것들이 자연의 일부다. 자연은 무엇이며, 어디에서 왔고 어디로 가는가를 생각하는 것이 곧 자연철학이다. 그 문제의 답을 생각하는 이들이 바로 자연철학자들이지."

우리는 안쪽에 있는 정원으로 들어갔다. 작은 분수가 있었고, 그 주위에는 돌로 된 의자가 몇 개 놓여 있었다. 몇 명의 사람들이 한 곳에 모여 무언가 이야기를 나누고 있었는데, 그들은 탈레스를 보자마자 말을 멈추고 가까이 다가왔다. 그들과 가볍게 인사를 나눈 탈레스는 곧바로 우리에게 그들을 소개시켰다.

"이들은 제 제자들입니다. 이쪽은 박사님, 이 소년은 돈아."

"반갑습니다. 저는 아낙시만드로스(Anaximandros, BC 611~BC 546)입니다."

"환영합니다. 아낙시메네스(Anaximenes, BC 585~BC 525)입니다."

"처음 뵙겠습니다. 헤라클레이토스(Heraclitus, BC 540?~BC 480?)입니다."

"안녕하세요. 전 엠페도클레스(Empedocles, BC 493?~BC 430?)입니다."

헉. 대체 방금 무슨 일이 벌어진 거지? 저 이름들을 무슨 수로 외우라는 거야. 생긴 것도 다들 비슷해 보이는데.

아낙시만드로스

"제자들이 참 많네요."

나는 방금 전 소개받은 사람들을 돌아보며 말했다.

"밀레토스는 그리스의 식민지였지만 학문적으로는 융성해서 탈레스를 비롯해 많은 학자가 배출되었다. 기원전 6세기의 밀레토스는 매우 번창한 상업도시였고 여행과 종교와 언론의 자유가 있었다. 예나 지금이나 자유로운 문화와 경제적 여유가 있는 곳에서는 학문이 융성하기 마련이지."

탈레스가 덧붙였다.

"그래. 세계의 근원을 찾고자 하는 마음이 강한 사람들끼리 학파를 형성하고 자유롭게 토론을 즐겼어. 우리는 모든 사람에게 통하는 진리를 찾아 공부를 했지. 내 자랑 같아 쑥스럽지만, 훌륭한 스승 아래 더 훌륭한 제자들이 나오기 마련이지. 이 친구들이 바로 나를 앞지른 제자들이란다."

탈레스는 흐뭇한 얼굴로 제자들을 둘러보았다. 하지만 이미 그들은 우리로부터 멀찌감치 떨어져 뭔가 이야기를 하며 웅성대고 있었다. 그 모습에 기분이 상했는지 탈레스는 큰 소리로 외쳤다.

"아낙시만드로스!"

그러자 머리카락이 거의 빠진 남자가 성큼성큼 다가왔다.

"부르셨어요?"

"그래. 자네가 생각하는 세상의 근원에 대해 얘기해줄 수 있겠나?"

"얼마든지요. 자연철학에 대해서는 알고 있나요, 소년?"

나는 박사님께 들은 내용을 기억해내며 대답했다.

"'자연세계의 모든 것이 어떻게 지금과 같은 모습이 되었는가?'를 탐구하는 학문입니다. 신이 세상을 만들었다는 창조 신화 대신 만물을 만들어낸 기본 원리(아르케)가 있고, '무(無)로부터는 유(有)가 생길 수 없다'고 믿는 세계관이죠."

"아주 잘 알고 있군요."

나는 어깨를 으쓱했다.

"나의 스승인 탈레스께서는 물이 세상을 만드는 기본원리라고 말씀하셨죠. 하지만 세상에는 물뿐만 아니라 불도 있습니다. 그래서 나는 여러 가지 물질을 만들 수 있는 '무한자(無限子)'를 생각해 냈습니다. 무한자가 세상 모든 것에 꽉 차 있는 셈이지요."

"무한자? 그건 또 뭐죠?"

"그것은 모양이나 색깔도 없고, 환경에 따라 자유로이 변하는, 한정되지 않는 무한한 가능성을 갖는 '무언가'이죠."

'무언가?' 내가 꿀 먹은 벙어리처럼 가만히 있자 박사님은 말했다.

"세상을 꽉 채우는 무한자, '아페이론(apeiron)'은 한정할 수 없는 것이라는 뜻이다. 현대의 말로 바꾸면 원자와 같은 개념이지."

"내 몸 안에도 헤아릴 수 없는 무한자가 있다는 말인가요?"

"그렇지요."

박사님이 말을 덧붙였다.

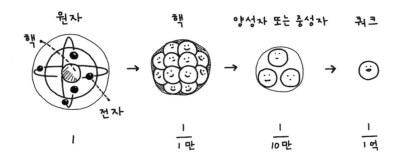

원자와 소립자의 관계

"부연해 설명하자면 말이지, 무한자는 수학의 무한, 무한소와는 다른, 눈에 보이지 않는 생명력을 가진 DNA와 같은 것이기도 하다. 구름, 산천 초목, 바다, 사막의 모양이 바뀌는 것을 보고 어떤 특정한 것이 아닌 아주 작은 기본요소를 상상한 것이다. 물질을 세분화하면 분자, 원자, 원자핵으로 나뉘고 마지막에 더 이상 나눌 수 없는 전자, 쿼크와 같은 가장 작은 알 갱이를 소립자라고 한다. 지금의 물질을 이루는 가장 작은 단위를 발견할 수 있었던 이유는 수많은 과학자들이 기존의 단위보다 더 작은 존재가 있을 거라는 신념에 따라 노력했기 때문이다. 아페이론을 세운 아낙시만드로스의 상상이 현실이 된 것이지."

아낙시메네스

"하지만 모든 것이 보이지 않는 것으로 구성되어 있다니, 너무 막연한 것 같아요. 그리고 솔직히, 상상의 이야긴 누구나 할 수 있는 거 아닌가요?"

내가 묻자 옆에 있던 탈레스가 그 이야길 듣고 다시 큰소리로 외쳤다.

"아낙시메네스!"

그러자 험상궂게 생긴 남자가 천천히 걸어왔다.

"아낙시만드로스의 무한자에 대해 어떻게 생각하는가?"

탈레스가 묻자 그가 대답했다.

"충분히 가능성 있는 이야기지만, 저는 약간 다르게 생각합니다. 만물의 근원은 무겁고 어두운 안개 같은, 그러니까 공기 같은 겁니다. 무한자는 너무 추상적이지요. 인류가 무한자를 접한다는 건 불가능하지 않겠습니까?"

"공기도 비슷하지 않나요?"

내가 묻자 아낙시메네스가 확신에 찬 목소리로 말했다.

"공기는 모양도 형체도 없지만 어디에나 있다. 우린 그걸 알지. 왜냐하면 우리가 살아갈 수 있는 건 공기 때문이니까. 공기는 무한자처럼 실체가 애매하지 않다. 구체적인 물질이지. 이 세상에서 가장 흔한 공기가 공기와 결합하고 분리되면서 물, 흙, 불과 같은 것을 생산하는 거다. 무한자도 마찬가지로 공기와 같은 역할을 한다."

헤라클레이토스와 엠페도클레스

나는 그들에게서 조금 떨어진 곳으로 박사님을 끌고 갔다.

"왜 이 철학자들은 아르케만으로 자연세계를 설명하려는 걸까요?"

"신으로부터 해방되고 싶었기 때문이다. 이 시대까지만 해도 자연적인 현상들까지 모두 신의 뜻에 따라 만들어진 거라 여겼다. 때문에 인간은 늘 신에 비해 보잘것없는 존재로 여겨졌지. 하지만 자연철학자들은 신을 배제하고 자연현상을 순수하게 자연으로만 설명함으로써 신 없이 자연세계를 살아갈 인간의 가치를 세우고자 했다."

"인간 중심의 사고를 했다는 건가요?"

"그래. 그것이 그리스 철학의 위대한 발상 중 하나다. 네가 배우는 화학, 물리 수업에 신이 등장하지 않지? 그 전통은 '자연현상은 자연으로만 설명하라'는 그리스 자연철학파의 사상이 이어진 것이다."

"그런데 저 두 사람도 자연철학자들인가요? 왠지 다른 사람들과는 분위기가 다른 것 같아요."

"저 두 사람이라. 아, 헤라클레이토스와 엠페도클레스구나. 사실 저 사람들은 여기에 있으면 안 된단다."

"네? 그게 무슨 말씀이세요?"

"저 두 사람은 역사적으로 탈레스가 죽고 난 뒤에 태어난 인물이다."

"그런데 어떻게 여기에 있을 수 있는 거죠?"

"돈아야, 여기는 매소피아가 만든 가상현실이다. 그걸 잊지 마라. 너의 철학여행을 돕기 위해 매소피아가 그들을 여기에 데려왔다."

"그렇다면 저 둘도 자연철학자들이라는 말씀이세요?"

"가서 직접 알아보면 되겠지."

우리는 각자 뭔가에 골몰하고 있는 두 사람에게로 다가갔다.

"안녕하시오, 엠페도클레스."

"안녕하세요, 박사님."

"이 사람은 시인이자 의사이고, 유능한 정치가이기도 하다. 도시의 강 흐름이 막히는 바람에 모기가 창궐했고 돌림병이 돌았는데 자기 재산을 털어서 하천을 개수해 병을 막았지. 그래서 사람들이 그를 신처럼 떠받들었단다."

"당연히 할 일을 했을 뿐입니다."

"겸손하기는. 이 사람은 헤라클레이토스. 사실 왕위를 계승할 왕자였는데, 철학에 빠져 왕 자리를 마다하고 스승도 제자도 없이 홀로 산중에 들어가 명상을 하며 만물의 이치를 깨달았단다. 역사상 철학을 위해 왕위를 걷어찬 사람은 이 헤라클라이토스뿐이다."

"새삼스럽게 옛날이야기를 하시네요."

"탈레스가 주장하는 물과는 정반대로 불을 기본원리라고 생각했지."

"불이요?"

나의 질문에 헤라클레이토스가 대답했다.

"그렇다. 불은 물을 증발시키고 돌도 녹여 다른 물질로 변화시키지. 불은 한순간도 가만히 있지 않으며 철광석을 쇠로 만들어내듯이 변화무쌍하다. 불이 곧 문명의 씨앗이다."

"순식간에 커다란 산조차 태워버리는 불의 위력은 정말 무서워요. 그렇지만 불이 문명의 씨앗이라니, 왠지 이상한데요?"

"같은 강물에 두 번 손을 씻을 수 없다는 것이다!"

"그게 무슨 얘긴가요?"

"만물은 변한다는 말이지. 세상 모든 건 끊임없이 변화해 영원한 것은 단 하나도 없다는 거다. 파괴와 건설에는 에너지가 필요하다. 불은 곧 에너지지. 그리스 신화 중에 프로메테우스의 이야기가 있다. 그는 신이였지만 인간을 너무 사랑한 나머지 오직 신만이 가질 수 있는 불을 훔쳐서 인간에게 건네주었다. 그것은 인간의 문명을 위한 최고의 선물이었지."

"그 신화, 저도 알아요. 프로메테우스는 쇠사슬에 묶여 코카서스 산 절벽에 처박혀 낮에는 독수리에게 간을 쪼아 먹히고, 밤이 되면 다시 상처가

치료되어 다음날 또다시 간을 쪼이는 고통을 당하는 형벌을 받았다는 끔찍한 이야기잖아요."

"그렇다. 그만큼 불이 엄청난 위력을 갖고 있다는 증거지."

"하지만 불만으로는 모든 자연현상을 설명할 수 없다."

옆에서 가만히 듣고 있던 엠페도클레스가 끼어들었다.

"모든 자연현상을 설명하려면 불, 물, 흙, 공기, 4개의 원소가 필요하다. 공기가 농축되어 물, 흙으로 변하고 불은 이를 다시 공기로 변화시키지."

"4원소요?"

"그래. 하지만 4개의 원소만으로도 설명이 충분치 않다. 그래서 나는 4개의 원소가 혼합되는 비율에 따라 다양한 물질들이 생성된다고 생각했지. 가령 불과 흙의 비율을 99대 1로 할 때와 50대 50으로 섞을 때 전혀 다른 물질이 생성되는 것이다. 이렇게 하면 무한의 조합이 가능해지지. 물감을 떠올려봐라. 두 가지 색만으로도 수많은 색깔을 만들 수 있지 않니?"

"다른 분들의 이론보다 훨씬 체계적인 것 같아요."

"여기에 또 하나 중요한 요소가 있다."

"뭔데요?"

"바로 사랑과 미움이라는 정신적 요소다."

"사랑과 미움이요?"

이건 또 무슨 뚱딴지같은 소리람.

"밀가루에 물이나 우유를 부어 서로 엉겨 붙게 해서 빵을 만들 듯이, 불, 물, 흙, 공기, 이 네 원소에 사랑(philia)과 미움(neikos)이 어떻게 개입되느냐에 따라 다르게 섞일 수 있다는 거다. 미움의 힘이 작용하면 원소들은 서로 떨어져나가 분리되고, 사랑이 작용하면 원소들은 함께 섞여 완전히 결합됨으로써 완벽한 물질이 생기는 거다."

"시간이 흐르면서 기본원리에 대한 사고가 더 복잡해진 것 같아요. 물에서 무한자로, 또다시 공기, 다음엔 불 그리고 4원소."

나는 옆에 서 있는 박사님을 힐끗 봤다. 그러자 박사님이 대답했다.

"그래, 시대를 지나올수록 보다 정교해지고 체계화되었지. 학문은 이처럼 점점 더 진보할 수밖에 없는 거다. 또 하나 기억해야 할 게 있다. 엠페도클레스가 말하는 기본원리는 중국의 오행설과 비슷한 발상이지. 탈레스학설의 중요한 점은 세계가 하나의 원리(아르케)에서 생성된다는 거거든. 시대가 흐르면서 그건 점점 현실적인 의미를 갖게 되었고. '철학에서 과학으로' 진행한 것이 문명의 발달과정임을 실감하게 하는 대목이다. 실제로 엥겔스(F. Engels, 1820~1895)는 사회학에 관한 『공상에서 과학으로』라는 책을 썼단다."

밀레토스학파의 우주론

결국 우리가 지금 배우고 있는 학문이라는 건 역사 속 학자들이 쏟은 엄청난 노력과 열정의 열매이며, 도서관에 있는 수많은 책들이 바로 그 결과물이라는 생각이 들었다. 도서관에 가면 늘 지루해하고 친구들과 어울려 놀기만 하던 내가 순간 부끄러웠다.

"천문학에 대해서는 잘 알고 있나?"

어느새 탈레스가 옆에 다가와 있었다. 천문학? 갑자기 웬 천문학?

"만물의 근원을 파악하기 위해서는 우리가 사는 이 지구, 그리고 이 지구를 둘러싼 우주에 대해 공부해야 하지."

"지구요?"

"그래. 지구와 지구를 둘러싼 천체에 대한 공부를 통해 나는 일식을 예언할 수 있었다."

"지구는 거대한 원기둥 모양이죠."

원기둥? 옆을 돌아보니 아낙시만드로스가 다가와 있었다.

"그래. 지구는 지름이 높이의 3배인 원기둥처럼 생겼다. 지구 반지름의 9배 되는 위치에 별들이 돌고, 18배 되는 위치에 달이, 27배 되는 위치엔

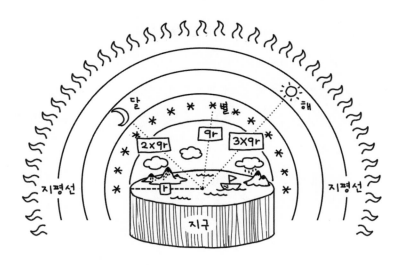

아낙시만드로스가 생각한 지구와 천체의 형태

태양이 돌고 있지."

"아니 지구는….".

내가 말을 꺼내려 하자 박사님이 나를 말렸다.

"쉿. 돈아야. 아무 말도 하지 마라."

"아니죠, 아니죠."

옆에서 그 이야기를 듣던 엠페도클레스가 끼어들었다.

"지구는 2개의 구로 둘러싸여 있습니다. 바깥 구에 별들이 고정되어 있죠. 안쪽 구의 반은 낮이고 반은 밤입니다."

"이 사람들, 대체 무슨 이야길 하는 거죠?"

"이 시대엔 망원경도 현미경도 없었다. 모든 건 학자들의 머릿속에서 구상되었지. 이들은 이런 식으로 자연을 상상하고 갑론을박하면서 과연 진짜(실재)가 무엇인가를 고민했다."

"생각해보니 흥미로운 아이디어인 것 같아요."

"이들은 세계란 늘 새로움을 생성하고, 변화는 직선적으로 진행하는 것이 아니라 영원한 원을 돌며 흘러간다고 생각했다. 이런 우주관은 피타고라스의 이론과 영향을 주고받으면서 훗날 플라톤, 케플러로 이어지지."

원자론의 기원

"밀레토스학파의 학자들이 다양한 원소에 대해 이야기를 하긴 했지만 우리는 물질의 가장 기본 단위가 원자라는 걸 다 알잖아요? 원자는 어떻게 해서 탄생된 거죠?"

"돈아야, 나날이 발전해가는구나. 기특하다."

박사님이 흐뭇하게 웃으며 말했다.

"실제로 탈레스는 1원소설을, 엠페도클레스는 4원소설을 주장했고 그 이후에도 여러 철학자들이 자연을 설명하려 노력했지. 하지만 몇 개의 기본원소만으로는 다양한 자연세계를 설명할 수 없고 시대와 더불어 점점 그 수는 많아질 수밖에 없었다. 그리고 결국엔 생각이 원자의 개념에까지 다다른 거다. 너도 알겠지만 원자(atom)란 그 이상 분할할 수 없는 최소의 단위니까."

"그렇다면 탈레스가 그 시작이라는 건가요?"

"그렇지. '로마는 하루아침에 이루어진 것이 아니다'라는 말이 있다. 오늘날의 거대한 과학적 성과의 시작은 시시한 동화와도 같은 이야기였지만 그건 나름 발전의 방향을 제시한 철학이었다. '아무 소용없는 생각'이라는 비판을 뚫고 철학은 문명을 일구어나가는 거다. 자연과학은 공통적으로 기본원소를 찾아왔다. 다소 엉뚱하게 느껴지는 '만물은 물이다'라는 탈레스의 발상이 궁극적으로는 현대과학의 양자론으로 이어지는 물꼬를 튼 것이다."

"이제야 탈레스가 철학의 아버지라는 말이 이해가 돼요."

나는 바로 옆에서 사람들과 토론을 벌이고 있는 탈레스를 올려다보며 말했다.

실수에서 복소수로의 발전

"자연철학의 발전처럼 수학 역시 마찬가지의 과정을 거치며 발전해왔 단다."

"수학이요? 갑자기 여기에서 수학이 왜 튀어나오죠?"

"말했잖니. 철학은 모든 학문의 기초가 되는 학문이라고. 철학의 흐름 을 쫓다 보면 자연스럽게 수학의 흐름도 이해하게 되지. 자연철학과 마찬 가지로 수의 세계도 실수에서 실수와 허수를 합친 복소수로 또 한번 확장 하여 네 개의 실수를 사용하는 4원수로 발전했다. 그것은 마치, 지구에서 '지구와 달'의 세계로, 또 한 번 수성, 목성까지도 아우르는 세계로의 비약 과도 같은 인간승리의 이야기다."

"벌써부터 머리가 아파요."

"진정하고 차분하게 들어보렴. 이차방정식 $x^2+1=0$의 해를 구해보자. 식을 정리하면 $x^2=-1$이 되겠지, 실수 범위에서는 같은 수를 두 번 곱한 결과는 항상 양수가 되므로 '해가 없다'가 된다."

"$(-1) \times (-1)$의 결과도 1이 되니까 구할 수 없죠."

"그런데 여러 수들의 제곱근을 연구하던 이탈리아의 수학자 라파엘 봄 벨리(R. Bombelli, 1523~1573)는 '−1의 제곱근은 얼마일까?'라는 단순한 질문에 답을 할 수 없다는 말로 포기할 수가 없었다. 그래서 이에 답하기 위해 제곱하여 −1이 되는 수를 허수단위 i로 나타내어 수의 범위를 확장 시켰다."

"−1의 제곱근이라는 말을 들어는 봤지만…. 지금도 무슨 말씀을 하시는지 모르겠어요."

"자, 집중해봐. 탈레스가 '만물은 물이다'라고 했을 때 불은 설명하지 못했다. 마찬가지로 '모든 수는 실수다'라고 생각하면 $x^2+1=0$을 만족하는 해를 구할 수 없다. 그러나 제곱하여 음이 되는 허수(虛數, imaginary number)를 수로 받아들이면 식을 만족하는 x를 구할 수가 있다. 제곱하여 −1이 되는 수 $i=\sqrt{-1}$로 나타낸다면, 이차방정식 $x^2+1=0$의 해는 $x=+i$, $-i$가 된다."

"수의 범위가 계속 확장되니까, 매번 속는 기분이 들고 솔직히 복잡해서 머리만 아파요."

"그래, 뭐가 뭔지 잘 이해가 안 될 수도 있지."

"허수가 등장하니까 무리수가 뭐였는지 아리송해졌어요."

"무리수는 $\sqrt{2}$, π와 같이 나누어떨어지지 않는 수였지. 유리수와 무리수의 결합이 실수인 거고."

"맞다. 유리수의 짝이었죠. 그러면 혹시 실수와 허수도 합해서 새로운 수라고 부르나요?"

"허수와 실수를 합한 수를 복소수(複素數, complex number)라고 한다."

"복! 소! 수! 그런데 실생활에서는 아무 필요 없는, 수학만을 위한 수 아닌가요?"

"새로운 복소수의 세계가 만들어지면 힘과 방향을 갖는 자기력, 바람 같은 자연에 존재하는 물리적 실체를 설명할 수 있다. 마치 어린아이에게

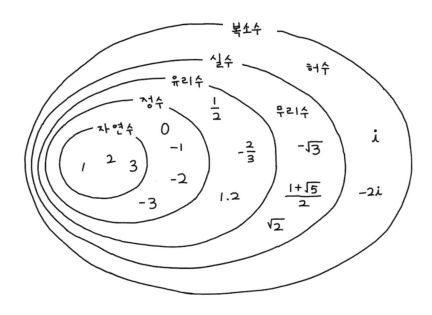

수영을 처음 가르칠 때 얕은 수영장에서 헤엄치는 방법을 연습시킨 다음 점점 깊고 넓은 수영장으로 데려가서 제대로 수영의 즐거움을 알려주는 것과 같다. 알겠지?"

"조금은요."

"중요한 것은 철학, 과학, 수학 등 모든 학문은 결국 현실을 설명하는 것이며, 새로운 현상엔 늘 새로운 학문적 요소가 가미되어 간다는 것이다. 철학은 로고스만으로 세계를 설명하고 과학은 과학의 언어로 그것을 설명하고, 수학은 수학의 언어로 설명한다. 다시 말하면, 철학과 과학, 수학이 모두 자기 영역에서는 모순이 없게 설명되어야 한다는 거지. 이를 정합성 (整合性)이라고 한다."

처음의 처음은 무엇일까

"그렇다면 과학과 수학이 서로 다른 언어를 쓸 뿐, 똑같이 철학을 설명한다는 건가요? 수의 원리 역시 자연철학과 연계되어 탄생되었다는 사실이 놀랍네요. 그런데 문득 든 생각인데, 탈레스가 세계의 근원을 물이라고 주장하기 전에는 어떤 이야기들이 있었나요?"

"탈레스 이전에는 시인들이 주관적으로 세계를 설명했지. 그들은 상상력을 동원하여 신화적인 입장에서 세계를 바라봤다. 즉 합리적인 사고(logos)가 확장되고 신화가 무너지기 시작할 즈음 철학이 나온 거지."

"결국 철학이라는 건 이성적인 사고에 그 바탕을 두고 있다는 말씀이시네요."

"그래, 바로 지성이다. 비록 근거를 제시 못한 경우가 있더라도 모순 없는 논리를 중시했다."

박사님과 여행을 하는 내내 나는 어느새 철학에 관심이 생긴 것 같다. 철학은 내가 생각했던 것보다 쉽고 재미있는 학문이었다. 왠지 자신감이 생기는 기분이었다. 철학도 수학도, 더 많이 공부하고 알고 싶어졌다.

웅성거리는 소리에 나는 고개를 들었다. 탈레스를 비롯한 학자들이 뭔가 소리를 지르며 싸우고 있었다. 박사님 역시 소란스러운 쪽을 물끄러미 바라보고 있었다.

"왜 저래요? 무슨 일이 있나요?"

"누가 지나가는 개미를 밟았단다."

"근데 왜요?"

"죽은 개미를 어떻게 처리해야 하는지 실랑이를 벌이고 있다."

"그게 무슨 말이에요?"

"강물에 던져 버려야 한다는 둥, 불에 넣어야 한다는 둥, 그냥 두면 알아서 사라질 거라는 둥, 각자 의견이 분분하구나."

"어, 삿대질까지 하는데요?"

"그래. 확실한 증거, 과학적 근거가 나올 때까지 늘 끝은 저런 식이지. 이성, 지성을 외치는 그들도 결국은 인간이다. 그만 가자꾸나."

"그냥 가요? 저 사람들을 저렇게 두고?"

"매소피아! 이제 그만 집으로 가자."

"네!"

주위가 점점 어두워졌다. 나는 고개를 돌려 그들을 바라보았다. 그들은 여전히 서로의 멱살을 쥔 채 쉴 새 없이 침을 튀기며 떠들고 있었다. 하아, 철학자들이란 정말 못 말려. 기다렸다는 듯 음악이 들려왔다.

"드보르작의 〈신세계로부터〉. 딱 어울리는 음악이다. 너의 철학적 세계가 열리는 것을 상징하는 것 같구나."

5장
모든 자연현상에는 수학의 법칙이 있어!
피타고라스, 황금비와 무리수를 말하다.

새벽이다. 엄마가 깨우지도 않았는데 저절로 눈이 떠졌다. 나 스스로!
신기하다. 창을 열자 온갖 새들이 지저귀는 소리가 들린다.

"일어났냐? 게으름뱅이!"

매소피아의 시비 거는 말투조차 오늘 아침엔 반갑기까지 하다. 왠지 좋은
일이 생길 것 같다. 거실로 내려가니 이상하게도 어둑어둑했다. 창문이 모두
닫혀 있었고, 조명도 모두 꺼져 있었다. 정전인가? 나는 스위치를 찾아 벽을
더듬거렸다. 가까스로 스위치를 찾아 켜봤지만 불이 들어오지 않았다.

"박사님?"

나는 주변을 둘러보며 박사님을 불렀다. 순간 거실 바닥에서 노란 불꽃
이 올라왔다. 처음엔 헛것이 보이나 싶었다. 하지만 눈을 가늘게 뜨고 봐
도 그것은 분명 불꽃이었다. 게다가 시간이 지날수록 점점 숫자가 늘어났
다. 조금 시간이 지나자 수십 개가 되었고, 살아 있는 새처럼 공중을 날아
다녔다. 그러다 어느 순간 갑자기 나를 향해 천천히 날아오기 시작했다.
그래. 그것들은 분명 나를 향해 날아오고 있었다. 덜컥 겁이 난 나는 뒤돌

아 냅다 달리기 시작했다. 하지만 불꽃들은 어느새 나를 따라잡아 눈앞에서 위협하듯 날아다녔다.

"으악, 박사님! 살려주세요."

나는 눈을 질끈 감고 자리에 주저앉아 버렸다.

"으하하하하하!"

잠시 후 익숙한 웃음소리가 들렸다. 눈을 뜨자 거실은 환하게 밝아져 있었고 노란 불꽃들은 어느새 사라지고 박사님이 배를 잡고 웃고 있었다.

"대체 왜 이러시는 거예요? 저를 놀리는 게 재미있으세요?"

"미안하다, 돈아야. 하지만 지식이라는 건 몸소 체험할수록 오래 남는 법이다."

"이게 무슨 지식이라는 건데요?"

"이건 말이다. 혼불을 재현한 거다."

"혼불이요? 그게 뭔데요?"

"흔히 도깨비불이라 불리는 건데, 옛날에는 사람이 죽을 때 몸에서 빠져나오는 혼이라고 여겨 혼불이라 했지. 이따금 공동묘지에서 묘지 위로 보이기도 하는데, 사실 그건 인광이다. 사람의 몸속에 남아 있던 인 성분이 지상으로 나오면서 불이 붙어 나타나는 현상이지."

"성냥에 불이 붙는 것도 인 성분 때문이라고 들었어요."

"그래 맞다. 인은 영어로 'phosphorus'라고 하지. 그리스 신화에서 금성을 일컫는 이름과 같다."

"결국 혼불로 보던 신화가 과학으로 설명된 거네요."

"하지만 그렇게만은 볼 수 없다. 이러한 현상은 철학자들에게 중요한 화두를 던져주었지."

"화두요?"

"그래. 피타고라스는 혼이라는 걸 통해 윤회설을 주장했다."

"윤회설이요? 죽으면 또 다시 다른 사람으로 태어난다는 거요?"

"그렇다. 실제로 피타고라스는 자기가 태어나기 이전 할아버지와 그 할아버지가 겪었던 모든 일들을 기억하고 있었다고 한다. 그래서 사람들에게 자신은 그들이 환생한 거라 말하고 다녔다고 하지. 티베트의 달라이라마 알지? 달라이라마도 죽으면 혼이 다시 태어나는 아이의 몸속에 들어가 차세대의 달라이라마가 된다고 믿고 있단다. 달라이라마가 죽으면 대표 고승들이 국내를 샅샅이 뒤져 그 혼을 이은 아이를 찾는다. 원래 윤회사상은 인도 불교의 중심사상이다. 죽으면 혼이 몸을 떠나 다른 것으로 들어가 새로운 생명을 갖는다는 거지. 하지만 환생할 때 전생의 일은 완전히 잊어버린다고 한다. 그런데 이상하게도 피타고라스는 모든 전생의 일을 완전히 기억하고 있었다고 해. 확인할 수는 없지만."

"그냥 허풍쟁이가 아니었을까요?"

"어렸을 때 머리를 심하게 다쳤다는 말도 있지만 그것만으로 거짓말쟁이라 단정하긴 어렵지. 실제로 사람들은 그의 풍부한 학식에 감명 받아 그를 인간이 아닌 신으로 추앙해 교단(敎團)을 만들어주었지. 피타고라스는 자연현상에 관심을 가진 훌륭한 수학자이자 전생, 후생을 믿는 종교인이기도 했다."

"피타고라스의 정리. 귀에 박히도록 들었어요. 공공의 적이죠."

"그는 위대한 수학자다. 조금은 존경심을 갖도록 해라. 사실 윤회설이 학문적으로 전혀 근거 없는 건 아냐. 유전학적으로 보자면 인간은 분명 조상의 유전자를 조금씩은 갖고 있거든. 우리 몸은 아버지와 어머니의 유전자를 반반씩 지니며 다음 세대에는 그 반의 반씩 전해진다. 이런 식으로 그 다음 세대에게 조상의 유전자가 전해지는 거야. 가령 너의 유전자를 1이라 하면, 2세대에는 $\frac{1}{2}$, 3세대에는 $\frac{1}{2}$의 $\frac{1}{2}$, 즉 $(\frac{1}{2})^2$, 4세대에는 $(\frac{1}{2})^2$의 $\frac{1}{2}$, 즉 $(\frac{1}{2})^3\cdots$, 이런 식으로 계속 이어지지. 결국 n세대에 전해지는 너의 유전자도 $(\frac{1}{2})^{n-1}$이라는 공식을 통해 알 수 있다."

"탈레스가 탄생시킨 밀레토스학파의 기본원리는 여러 물질이 변하고 다시 원래 모습으로 돌아온다고 했잖아요? 그렇다면 그건 물질에 관한 윤회설이라 할 수 있겠네요."

박사님은 활짝 웃는 얼굴로 나를 보며 말했다.

"멋지구나! 돈아야. 정말 멋져. 상으로 맛있는 아침식사를 차려주마. 오늘 아침은 김치된장찌개다."

김치된장찌개? 불길한 예감이 들었다.

피타고라스를 만나다

김치된장찌개는 역시나 최악이었다. 나는 거의 맨밥에 김을 싸먹고 서둘러 아침을 해치웠다. 식사 후 우리는 어김없이 티타임을 가졌다.

"박사님, 그럼, 오늘 저희는 피타고라스를 만나러 가는 건가요?"

"그렇다."

"피타고라스는 어떤 사람이었어요?"

"피타고라스에 대해 얼마나 알고 있니?"

"직각삼각형에 대한 정리를 발견한 사람이요. 직각삼각형에서 직각을 낀 두 변의 길이의 제곱의 합은 빗변의 길이의 제곱과 같다."

"다른 건?"

"또 있나요?"

"당연하지. 피타고라스는 수론, 음악, 천문, 기하학 등 다방면에 걸쳐 엄청난 업적을 남긴 학자니까."

박사님은 자리에서 천천히 일어났다.

"그럼, 가볼까. 매소피아!"

베르디의 〈개선행진곡〉이 흘러나왔다. 이 음악이 또 어떤 여행으로 인도할까. 나는 이상하게 가슴이 두근거렸다. 음악을 들으며 나는 깨달았다. 언젠가부터 내가 이 시간을 기다리고 있다는 걸.

만물은 수다

"여기는 어디죠?"

낯선 곳이었지만 어딘지 많이 본 풍경이었다.

"그리스 에게 해에 있는 사모스 섬이다. 피타고라스의 고향이지."

"탈레스가 살던 밀레토스와 왠지 비슷해요."

"피타고라스의 스승이 바로 탈레스다. 그들은 동시대를 함께 살았지. 두 지역 모두 그리스 문명을 공유했기에 생활 모습이나 풍습 등도 비슷했다. 피타고라스는 물질로 자연해석을 시도한 자연철학과 달리 '수 지상주의'로 자신만의 학파를 창시했다. 하지만 탈레스의 물 대신 수를 중심에 둔 점에서는 스승의 영향을 받고 있다."

"그렇군요. 피타고라스는 어디에 있죠?"

"어딘가에서 사람들에게 설교를 하고 있겠지. 저쪽에 사람들이 모여 있구나. 저기로 가보자."

박사님이 가리킨 방향엔 수십 명이 모여 있었다. 사람들은 높은 단상 위에 있는 한 노인의 이야기에 귀를 기울이고 있었는데, 나는 한눈에 그가 피타고라스라는 걸 알아차렸다. 노인임에도 목청이 엄청나게 커서 멀리서도 그의 이야기를 들을 수 있었다.

"사람의 영혼을 정화하기 위해서는 수학적인 명상과 음악을 가까이 해야 합니다. 향락이나 방탕을 멀리해야 합니다. 또한 육식을 금하고 채식을 해야 합니다. 동물과 인간은 윤회로서 이어져 있다는 걸 명심하세요."

청중은 박수로 화답했다. 연설이 끝나자 피타고라스가 단상에서 내려왔다. 사람들은 그를 에워싼 뒤 악수를 청하고 무언가 끊임없이 말을 건넸다. 잠시 후 사람들 무리에서 빠져나온 피타고라스는 우리를 발견하고는 곧장 걸어와 인사를 건넸다.

"안녕하세요, 박사님. 오랜만입니다."

"여전히 훌륭한 연설이군."

"과찬이십니다. 이 어린 친구는?"

"인사하게. 내 제자네."

"안녕하세요, 홍돈아입니다."

"반갑구나. 박사님의 제자라니, 학식이 아주 풍부하겠어."

피타고라스가 눈을 빛내며 말하는 바람에 나는 얼굴이 새빨개졌다.

"그런데 여긴 어쩐 일로 오셨습니까?"

"어쩐 일은. 제자가 자네에게 관심이 많아서 이렇게 직접 만나러 온 거지. 궁금한 걸 물어보렴, 돈아야."

갑작스러운 말에 나는 당황했다. '아는 게 있어야 질문을 하죠, 박사님!' 나는 우물쭈물 간신히 한마디를 내뱉었다.

"세상의 원리가 무엇이라고 생각하세요?"

"세상의 원리라. 나는 만물은 (유리)수라고 생각한다."

수라니? 이건 또 무슨 소린가?

"신은 이 세상 모든 것을 수학의 원리에 따라 창조했다. 밀레토스학파는 물질적인 것을 기본원리로 생각했지만 내 생각엔 자연의 질서에는 수학이 있지. 신은 기술이 아닌 명상, 특히 수학을 중요시한다. 수론, 기하학, 음악, 천문학에는 한결같이 수학적 요소가 내재되어 있다."

"이 분도 무슨 종교인 같은 느낌인데요."

나는 귓속말로 박사님께 말했다.

"실제로 위대한 과학자 중에는 독실한 종교인이 많다. 자신의 연구에서 신의 업적을 느끼기 때문이지. 이들은 공통적으로 신의 뜻을 헤아리기 위한 마음으로 연구했다. 만유인력의 법칙을 발명해낸 뉴턴(Issac Newton, 1642~1927) 역시 '신이 만든 자연의 연구를 통해 그의 거룩한 창조의지를 감지한다'고 말했지. 너도 자연의 아름다움, 신비성 속에서 발견되는 수학적인 진리를 알면 그런 마음이 생길 수도 있다."

수와 도형을 하나로 연결한 피타고라스

"그리스인은 움직이지 않고 모양을 가진 도형이 가장 적절한 사색의 대상이라 생각했다. 또한 무리수, 유리수의 시비를 피할 수 있기에 유독 도형에 집착했지. 그들은 덧셈, 곱셈도 도형으로 바꾸어 생각했다. 가령 가로의 길이가 a, 세로의 길이가 b인 직사각형의 둘레의 절반은 가로와 세로의 길이의 합이므로 $a+b$이고 직사각형의 넓이는 가로와 세로의 길이의 곱이 되지. 즉 $a \times b$이다. 계산의 결과보다는 도형과 관련된 수의 의미에 대해 생각한 거다. 본질을 알면 응용은 누워서 떡 먹기지. 한 변의 길이가 a인 정사각형의 넓이는?"

"당연히 a^2이죠. 한 변의 길이의 곱이니까."

"쉬운 문제 해결은 안 시켜도 잘하는구나. 그렇다면 각 변의 길이를 b만큼씩 늘인 정사각형의 넓이는 얼마니?"

"잠깐만요. 식을 좀 써봐야겠어요. 아이고, 귀찮아~."

"도형으로 표현하면 쉽다고 하지 않았나?"

"한 변의 길이가 $a+b$인 정사각형을 그리니까 이만큼 늘어났어요. 늘어난 부분의 넓이는…."

"자, 봐라. 이렇게 선분을 그으면 또 다른 사각형이 되잖아. 용기를 가져. 시행착오를 겪을까봐 멈칫 멈칫하지 말고."

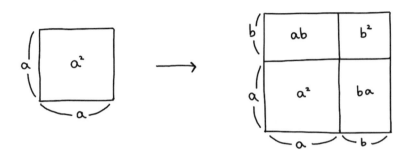

"각각의 사각형의 넓이를 더하면 $(a+b)^2=a^2+ba+ab+b^2$이 되고 ab와 ba는 동류항이므로 정리하면 $(a+b)^2=a^2+2ab+b^2$이 되네요. 식을 도형으로 표현하니 머리에 쏙쏙 들어오네요."

"분수는 비이며, 비는 곧 로고스다. $\frac{1}{2}$, $\frac{2}{4}$, $\frac{4}{8}$,…은 1 : 2의 비를 나타낸 것이다. 도형의 아름다움은 음악과 마찬가지로 비에 있고, 비는 상대적이다."

나는 고개를 들어 피타고라스를 보았다. 그런데 얼굴빛이 밝지 않았다.

"왜 그러세요?"

"내가 세상의 원리라 믿은 수는 유리수만을 지칭한다. 아무리 가까운

두 유리수 a, b 사이에도 또 다른 유리수 $\frac{a+b}{2}$가 있는 셈이다. 다시 말해서 $a<b$라 하면 $a<\frac{a+b}{2}<b$가 되겠지. 이러한 방법으로 직선상에 유리수를 대응시키면 공백 없이 꽉 채워지기 때문에 나는 모든 선분의 길이를 유리수라 믿었다. 당연히 어떤 도형이라 하더라도 대각선의 길이 역시 유리수로 나타낼 수 있으리라 생각했다. 그런데 한 변의 길이가 1인 정사각형의 대각선 길이를 자연수의 비로 나타낼 수가 없었다. $\sqrt{2}$! 유리수가 아닌 이 존재에 대해 알게 되었을 때 나는 그동안 고수해온 나의 종교와 철학적 신념을 모두 부정해야만 했다."

갑자기 피타고라스는 화를 내듯 큰 소리로 말했다.

"조화, 아름다움, 질서를 중요시하는 신이 어째서 인간과 닮은 규칙성이 없고 무한히 뻗어가는 추잡한 수를 만들었을까. $\sqrt{2}$가 무리수가 아니라는 증명을 생각해봐라. 일단 유리수임을 가정하고 모순을 유도하는 '귀류법!' 신이라면 그런 것을 용납할 수 없을 것이다."

피타고라스는 비탄에 잠긴 표정으로 말을 이었다.

"하지만 나는 내 운명을 슬프게 생각하지 않는다. 독사의 새끼는 어미의 배 안에서 자라서 어미를 죽이고 세상에 나온다고 하지. 내가 발견한 무리수가 나와 나의 종교를 송두리째 뒤엎어버렸지만, 그것이 수학발전의 진정한 길이라고 생각한다. 무리수의 개념이 등장하고 이후 수론이 등장한 것처럼 또 다른 수학 연구의 길이 열릴 테니까. 수학이란 때로는 독사와 같이, 아니 그보다 더 비정하다."

"피타고라스의 말이 맞다. 이후 대수학, 기하학, 해석학 등이 서로 영향을 주고받으며 성장했지."

박사님의 말을 들으며 나는 고개를 끄덕였지만, 피타고라스는 여전히 괴로운 표정이었다. 내가 그동안 답을 구하느라 헐레벌떡거리던 수학은 진정한 수학이 아니었다는 생각이 들었다.

논리의 효용

"돈아야, 피타고라스의 비극인 $\sqrt{2}$가 무리수라는 걸 증명해 보겠니?"
박사님이 물었다.

"못해요."

나는 그새 풀이 죽었다.

"괜찮다. 일단 아는 것까지만 해보렴."

"유리수는 실수 중에서 정수와 분수까지를 포함한 수인데…."

"그래. 모든 유리수는 $\frac{b}{a}$로 나타낼 수 있지. 이때 a가 1이면 정수가 되는 거고, a가 0과 1이 아닐 때는 분수가 되지."

"맞아요. 그러니까 $\sqrt{2}$는…"

"봐라. 만약 $\sqrt{2}$가 유리수이면, $\sqrt{2} = \frac{b}{a}$ (a, b는 서로소인 정수, $a \neq 0$) 꼴로 나타낼 수 있다. 양변을 제곱하면 $2 = \frac{b^2}{a^2}$ 양변에 a^2을 곱하면 $2a^2 = b^2$이다. b^2이 짝수이므로 b도 짝수여야 한다. b가 짝수이므로 $b = 2c$(c는 정수)라 하면 $b^2 = 4c^2 = 2a^2$이다. 그러니까 $a^2 = 2c^2$이고, a^2은 짝수여야 하므로 a는 짝수이다. 그런데 a와 b가 모두 짝수이면 2

가 공약수이므로 'a와 b가 서로소'라는 가정이 어긋나버리거든. 즉 $\sqrt{2}$는 유리수가 아닌 거지. 즉, $\sqrt{2}$가 $\frac{b}{a}$로(기약분수)로 존재할 수 없다는 거다."

"이렇게 풀이를 보고나니 어렵지 않네요."

"맞다. 정의는 기억하는 것이 아니라 생각하는 힘이 필요해. 조금만 고민해보면 답이 나오거든."

"논리도, 증명도 철학적 사고에서 시작되었다는 게 정말 놀라워요."

"그래. 철학은 그래서 중요한 거다."

서로소란?

4와 9를 생각해보자. 4의 약수는 1, 2, 4이고, 9의 약수는 1, 3, 9이므로 4와 9의 공약수는 1뿐이다. 이처럼 1 이외에 공약수를 갖지 않는 둘 이상의 양의 정수를 서로소(relatively prime)라고 한다.

제곱수

피타고라스가 작은 돌을 한 움큼 주워와 바닥에 일정한 모양으로 늘어놓았다.

"제곱수가 뭔지 알지?"

"자기 자신을 곱한 수잖아요."

"맞다. 그런데 제곱수를 도형으로 나타내면 정사각형이 된다."

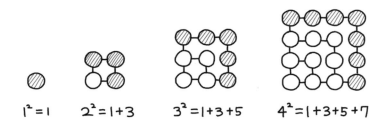

$$1^2 = 1 \qquad 2^2 = 1+3 \qquad 3^2 = 1+3+5 \qquad 4^2 = 1+3+5+7$$

"돌들의 모양을 보니 한눈에 알 수 있어요."

"또 연속한 홀수를 더하면 항상 제곱수가 된다는 사실도 알 수 있지. 거꾸로 '제곱수는 항상 연속된 홀수의 합이 된다'고 할 수 있다."

"신기하네요. 제곱수를 '연속한 홀수의 합'으로 나타낼 수 있는지 몰랐어요."

"도형과 수의 관계에 관해 가장 잘 알려진 것이 수를 정다각형에 대응시킨 다각수(polygonal numbers)이다. 사각수 외에도 삼각수와 오각수도 있단다."

"어, 삼각수는 각각 늘어나는 수가 1씩 커지니까 연속수의 합으로 나타낼 수 있네요"

"오각수는?"

"오각수는 연속수가 아닌데…, 우아! 늘어나는 수가 3씩 커져요."

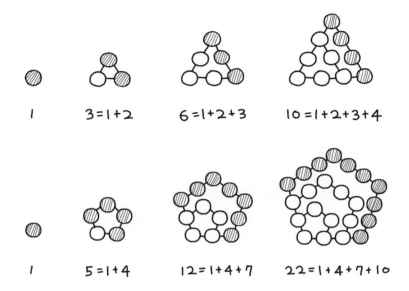

1   3=1+2   6=1+2+3   10=1+2+3+4

1   5=1+4   12=1+4+7   22=1+4+7+10

"자연수 n에 n각형이 대응된다는 걸 보면서 나도 너처럼 감탄했지. 그래서 난 '세상의 모든 것은 수로 상징된다고 믿었다. 이 원리를 자연스럽게 알아차릴 수 있었다."

이를 지켜보던 박사님이 조용히 말했다.

"중국의 『대학』에는 '마음이 없으면 보고도 안 보이고 들어도 귀에 들리지 않는다'라는 구절이 있다. 관심이 없으면 보고 듣는 것도 의미가 없다는 것이다. 수학을 잘하고 싶다면 먼저 철학에 관심을 가져야 한다. 철학은 모든 것에 관심을 갖게 한다. 철학을 이해하게 될 때 비로소 수학의 의미도 제대로 이해할 수 있기 때문이다. 돈아야, 너에게도 가능성은 충분히 있단다."

"저는 수와 도형은 서로 다른 영역이라고만 생각했는데, 꼭 그렇지만은 않네요."

내 말에 박사님은 고개를 끄덕였다.

피타고라스와 음악

우리는 천천히 도시를 산책했다. 활기찬 사람들로 가득한 도시는 생동감이 넘쳤다. 사람들은 분주하게 오가고 있었고 하나같이 즐거운 표정을 하고 있었다.

"저기 사람들 앞에서 노래하는 사람은 누구죠?"

"저 사람들은 수학교사다."

"수학교사요? 수학교사가 왜 노래를 하죠?"

"노래를 하면서 동시에 가르치는 거다."

"수학교사가 노래를 가르쳐요?"

"그래. 원래 수학과 음악은 한 명의 교사가 가르친다. 수학과 음악은 원래 긴밀하게 연관되어 있으니까. 세종대왕도 음악과 수학에 조예가 깊었다고 알려져 있지."

"그런데 전혀 다른 학문 아닌가요?"

"요즘에는 음악이 연주 기교를 중심으로 교육되고, 수학은 물리학이나 공학의 수단으로만 연구된다. 하지만 그건 틀렸다. 수학과 음악의 상관관계를 무시하고 수학 이론만을 연구하는 건 바보 같은 짓이야."

박사님의 말에 피타고라스가 한마디 덧붙였다.

"음악은 사색과 혼을 정화하기 위해 꼭 필요하고 수학이 음악의 아름다움과 질서를 보장한다. 말하자면 음악은 수학을 위한 윤리학이라고 할 수 있지."

우리는 어느덧 커다란 공연장에 도착했다.

"유럽에는 이런 공연장이 많다. 유럽인들에겐 음악이 친구와 같은 존재거든. 흔히들 수학은 이성이고 음악은 감성이라며, 이 둘이 쉽게 어울리지 않을 거라고 생각한다. 하지만 인간 정신의 표현이라는 공통의 조화의식을 갖고 있지. 음악은 작곡가가 곡을 만들고 연주자의 기교로 청중이 공감을 해야 비로소 완성된다. 인간의 마음에 공명을 일으킴으로써 사회의 조화를 얻게 하기도 하지. 시민들을 화합하게 해주는 음악은 정치의 기본이기도 하다."

"저도 음악을 들으면 집중이 더 잘 될 때가 있어요."

그러자 박사님이 고개를 끄덕였다.

"그 유명한 아인슈타인에게 피아노는 필수품이었다. 실제로 그는 일류급 바이올린 연주자이기도 했지. 바흐, 하이든, 모차르트의 음악을 들으면서 과학 문제와 씨름하느라 피로해진 머리를 식혔다고 하지."

"나는 음악을 잴 수도 있다."

피타고라스가 말했다.

"음악을 잰다는 게 무슨 뜻이죠? 설마 키를 재는 것 같은, 그런 거 말씀하시는 거예요?"

"그 설마가 맞다. 어느 날 대장간 앞을 지나치던 중 쇠를 내리치는 소리를 듣다가 소리와 공기 진동수 사이의 관계를 깨닫게 되었지. '잘 어울리는 두 음은 저마다의 진동수 비가 자연수의 비로 나타난다'는 것이 바로 화음의 원리다. 또 하프의 현 길이가 짧을수록 진동수가 커지고 현의 진동수가 클수록 높은 음이 난다는 사실도 알아냈지. 즉 음의 높이가 현의 길이에 반비례하고, 진동수에 비례한다는 거다."

"이게 음악을 재는 것과 무슨 상관이죠?"

내가 묻자 피타고라스는 잠시 뒤편으로 걸어가더니 기타를 들고 나타나서는 줄을 튕기며 말했다.

"간단해. 잘 들어봐. 무슨 음인 것 같냐?"

"'도'인 것 같아요."

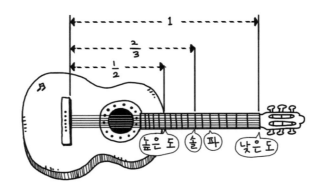

"맞다. 이 현의 길이를 3분의 2로 줄인 현이 바로 이 줄이다. 다시 한 번

들어봐라."

"'솔'이요."

"음감이 아주 뛰어나구나. 네 말처럼 4도 높은 '솔'이다. 맨 처음 '도' 줄의 길이를 2분의 1로 줄인 현의 소리도 들려주마."

"높은 '도'요."

"7도(1옥타브) 높은 '도'의 소리다. 내가 기타와 비슷한 하프의 현의 길이 사이에 일정한 비가 있다는 사실을 알게 되었을 때 얼마나 기뻤는지 넌 모를 거다. 낮은 도와 높은 도, 도와 솔의 진동수의 비는 각각 1 : 2, 2 : 3이 되지. 이런 식으로 음악을 자연수의 비로 나타낼 수 있다."

"아아, 이제 알겠어요."

"이런 간단한 수의 비로 이루어진 음악이 인간의 감정을 안정시킨다니, 신기하지 않니? 이건 음악의 논리를 로고스(logos)로 생각할 수 있었기 때문이지. 음악의 논리로 이성, 법칙, 조화를 표현할 수 있는 것이 나의 신념이다."

"영국의 물리학자 제임스 진스(J. H. Jeans, 1877~1946)도 말했지."

박사님이 말을 꺼냈다.

"'우주는 수학적인 사유로써 형성된다'고. 수학이 단순한 과학적인 도구라서가 아니라 음악적인 미, 조화로 질서가 유지된다고 그는 믿었다. 그의 천문연구에서 나온 굳은 신념이기도 하지만, 이 사상은 바로 피타고라스로부터 시작된 것이다. 근세의 대철학자 칸트의 묘비에는 '내 머리 위의 별들 그리고 내 마음의 도덕률'이라 새겨져 있다. 피타고라스는 칸트보다 수천 년 전 음악, 천문, 수 질서를 일체화시키는 종교 신념을 갖고 있었다."

신비한 천문학

"돈아야, 너 밤하늘을 좋아하니?"

"글쎄요. 본 적이 별로 없어서요."

"별 볼 일이 없다? 그렇다면 별과 대화를 나눠본 적도 없겠구나."

"장난하는 거예요? 별이랑 어떻게 대화를 해요?"

"마음속의 대화 말이다. 별과 마음으로 대화를 나누면 철학자에 가까워질 텐데. 아쉽구나."

"제가 사는 곳에서는 별이 잘 보이지 않아요. 밤에도 대낮처럼 환하거든요."

"요상한 소릴 하는구나. 아무튼 하늘은 과학과 낭만의 근원이다. 과학, 수학, 시, 종교의 영역은 모두 하늘에서 영감을 얻은 자만이 위대한 별 운동의 주기성을 깨달아 천문학을 만들었고 수많은 문학작품도 쓸 수 있었지. 한마디로 밤하늘은 과학과 문학의 교과서다. 당연히 수학에 영감을 주기도 했고."

"별 운동에 대해서도 수의 비율로 나타낼 수 있다는 말이죠?"

"맞다. 태양은 매일 거의 같은 시간에 뜨고 진다. 천체 운동에 일정한 규칙이 있다는 거지. 주기는 수로 표시되니, 하늘의 신비함 역시 수의 성질로 파악할 수 있겠지. 당연히 천체 운동에 관련한 법칙도 수의 비로 나타낼 수 있다."

"천체의 움직임과 구조에 비가 있다는 말씀이시죠?"

"하늘을 이해하는 데는 관찰보다는 상상력이 중요하다. 우주의 중심에는 거대한 화로가 있고, 그 둘레를 태양, 달, 지구 등 총 10개의 행성이 돌고 있지."

"아니 그건 사실과 전혀 다른데."

그러자 박사님이 날 말렸다.

"쉿, 돈아야. 그냥 들으렴. 피타고라스가 기원전 500년 때 사람이라는 걸 잊으면 안 돼."

맞다. 너무 생생해서 가끔 그 사실을 까먹는다. 내가 매소피아가 만든 프로그램 속에 있다는 걸 말이다.

"10이라는 숫자는 무척이나 중요하다. 일정한 질서로 이루어지는 화음이 있는 것과 마찬가지로 10이라는 수를 도형으로 나타내면 일정한 모양의 아름다움이 있다. 10개의 돌을 1+2+3+4로 구성된 삼각형 모양으로 늘어놓을 수 있다. 이것을 삼각수(triangular number)라고 부른다."

삼각수

"그런 식이라면 더 큰 삼각수도 만들 수 있으니까 행성의 수를 15나 21이라고도 생각할 수 있을 텐데 왜 하필 '10'인가요?"

"물론 15, 21도 삼각수다. 하지만 양손가락의 수를 합한 10은 10진법의 단위이며, 수가 음악의 비를 나타낸 것과 같이 10은 우주를 상징한다."

"수와 음악은 정말 어디서든 붙어 다니네요."

박사님이 기특하다는 표정으로 나를 보며 말했다.

"이제 알겠지, 돈아야. 영국의 수학자인 실베스터(J. J. Sylvester, 1814~1897)는 '음악은 감성의 수학이고, 수학은 이성의 음악이다'라고 말했다. 음악의 조화와 질서가 감정을 안정시키는 것처럼 수학은 이성의 조화와 질서를 유지한다는 뜻이다. 천문학자인 케플러(J. Kepler, 1571~1630) 역시 이전엔 원모양이라 여긴 행성의 궤도가 실제로는 타원이라는 걸 발견한 후 실제 이들이 천상의 음악을 연주하면서 궤도를 돌고 있다고 생각했다. 회전속도가 다른 행성들이 움직이며 내는 소리는 같지 않았고, 이 음들이 모여 만드는 조화로운 하늘세계의 음악은 음악, 수, 명상의 삼위일체를 닦는 사람들이나 들을 수 있다고 생각했다. 실제로 행성을 주제로 한 음악도 있지만 케플러가 한 말은 하나의 신앙고백이었다. 자신이 발견한 행성궤도가 간단한 수식을 그리면서도 질서정연하다는 것에 도취해버린 거지."

"그렇지만 그건 피타고라스의 사상 속 음악일 뿐이잖아요?"

"홀스트(G. Holst, 1874~1934)라는 작곡가는 7개의 악장으로 이루어진 〈The Planets〉이라는 작품을 썼다. 제목에서 알 수 있듯이 각 장마다 화성, 금성, 수성 등 태양계의 일곱 행성을 표현했다. 사상이 하나의 음악이 된 셈이지."

피타고라스와 황금분할

"돈아, 너는 황금분할이라는 말을 들어봤니?"

"아뇨."

"황금분할이란 '가장 완벽하게 아름다운 비례'를 뜻한다. 이를테면 조각을 할 때 상체와 하체의 비율을 5대 8로 나누는 것도 그중 하나지. 황금분할을 적용해 만들어진 조각상을 볼 때 사람들은 안정감과 아름다움을 느끼게 된다. 이 황금비율을 구상한 사람이 바로 나, 피타고라스다."

학자라는 사람들은 정말이지 잘난 척을 좋아한다.

"자, 이걸 봐라."

피타고라스는 땅에 그림을 그렸다.

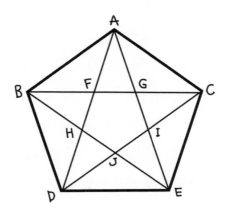

"이것이 내가 생각하는 황금별의 비율이다. 정오각형 내부에 대각선을 그으면 서로 교차하면서 작은 정오각형과 별 모양의 도형을 만들 수 있다.

이때 나는 대각선 전체 길이와 대각선이 교차하며 생긴 선분 사이의 길이 비가 같다는 걸 발견했다.

전체 길이 : 긴 선분 = 긴 선분 : 짧은 선분

$\overline{BC} : \overline{BG} = \overline{BG} : \overline{GC}$

$\overline{BG}$의 길이를 x, $\overline{GC}$의 길이를 1이라 하면

$(x+1) : x = x : 1$

내항끼리, 외항끼리 곱하면

$x^2 = x+1$,

식을 정리하면

$x^2 - x - 1 = 0$

이차방정식 근의 공식을 이용하면

$x = \dfrac{1+\sqrt{5}}{2}$

$\sqrt{5}$의 근삿값이 2.236이므로

$x = \dfrac{1+2.236}{2} = \dfrac{3.236}{2} = 1.618$이다.

도형에서 발견한 이 비율이 가장 귀하다고 여겨 지상에서 가장 귀한 물질인 황금을 붙여 '황금비'라 불렀다."

잠시 동안 침묵이 흘렀다. 피타고라스는 아무 말 없이 뚜벅뚜벅 어디론가 걸어가기 시작했다. 박사님과 나는 그 뒤를 따라 걸었다. 잠시 후 고개를 든 나는 순간 숨이 막혔다. 웅장한 이집트의 피라미드가 내 눈앞에 우

뚝 서 있었다.

"세상에, 세계 7대 불가사의 중 하나인 피라미드를 내가!"

"피라미드를 처음 보지? 쿠푸왕의 피라미드다. 70여 개의 피라미드 중에서도 규모가 가장 크지."

"경사도 제법 가파르네요. 이 어마어마한 피라미드를 만들기 위해 얼마나 많은 돌들이 쓰이고, 얼마나 많은 사람들이 일했을까요?"

"규모가 크다는 것도 놀라운 일이지만, 그보다 놀라운 사실은 내가 황금비를 발견하기 이전에 지어진 이 건축물 속에도 황금비가 숨어 있었다는 것이다."

"피라미드에도 황금비율이 적용된다고요?"

"이 피라미드의 경사로와 밑변의 절반의 길이 비가 115 : 186인데, 이 비가 약 1 : 1.61739, 거의 황금비율 1 : 1.618과 비슷하다."

"이집트인들도 황금비를 알고 있던 걸까요?"

"그렇진 않다. 나의 황금비 발견에는 처음부터 '아름다운 것엔 수가 있다'는 철학이 바탕에 있었고, 그들은 가로, 세로의 길이의 비가 1 : 2인 직각삼각형을 응용해 피라미드 건축에 이용했지. 이집트인은 단지 경험에 의해 그런 구조물을 탄생시킨 것이다."

"신기해요. 전혀 다른 시대였는데도 같은 비율을 발견하고 그걸 적용했다니."

"내가 별 속에 숨어 있는 아름다움의 수인 '황금비'를 발견한 것처럼 이집트인들도 어떤 구조물이나 도형에 이 비율을 적용하면 아름답고 완벽하다고 느꼈던 거지. 사람들이 느끼는 아름다움은 동일하다는 사실을 보여 주는 사건이다."

"그래도 또 의문이 생겨요. 그리스의 3대 난문이라 작도가 불가능했던 $\sqrt{2}$처럼 무리수인 $\sqrt{5}$가 어떻게 발견된 거예요?"

"$\dfrac{1+\sqrt{5}}{2}$를 정확히 작도할 수 있는지가 궁금한 거구나. 직접 해볼까?"

말이 끝나기가 무섭게 피타고라스는 모래바닥에 사각형을 그리며 설명을 시작했다.

"여기 한 변의 길이가 1인 정사각형이 있다.

1. $\overline{CD}$의 중점 M을 잡고,

2. $\overline{MB}$를 반지름으로 하는 원을 그려서 $\overline{CD}$의 연장선과의 교점 P를 잡아 각 선의 평행선을 그려보면 직사각형 AHPC가 완성되지.

3. 직사각형 AHPC는 (세로의 길이) : (가로의 길이)=1 : $\dfrac{1+\sqrt{5}}{2}$ 이다. 이런 사각형을 황금사각형(Golden Rectangle)이라고 한다. 또 삼각형 BMD의 빗변의 길이는 나의 정리를 이용하여($\sqrt{(\frac{1}{2})^2+1^2} \fallingdotseq \sqrt{\frac{5}{2}}$) 간단히 구할 수 있다."

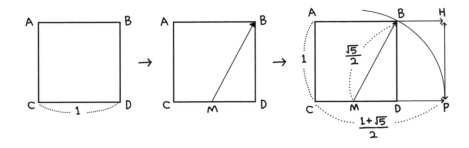

"생각보다 어렵지 않네요."

피타고라스의 비극

"결국 모든 건 유리수로 설명 가능하다는 전제는 깨진 거네요?"

순간 피타고라스의 얼굴색이 어두워졌다.

"네 말이 맞다. 나는 도형으로 수를 표시함으로써 일단은 무리수를 외면했지만 수학은 그런 식의 땜질을 내버려두지 않는다. 오류는 깨져야 마땅하지. 이런 경우에는 귀류법을 사용한다."

"귀류법! $\sqrt{2}$가 유리수가 아니란 걸 증명할 때 들었지만 정확하게는 잘 모르겠어요."

"귀류법은 명제의 결론을 부정해 가정의 모순을 유도하는 간접증명법이다."

설명을 들어도 모르긴 마찬가지였다.

"모르겠어? 이럴 때는 예를 들어 이해하는 게 훨씬 빠르지. $\frac{1+\sqrt{5}}{2}$가 유리수가 아님을 증명하려면, 일단 '유리수끼리의 사칙연산 결과는 유리수다'라는 전제가 있어야 한다."

"유리수끼리의 사칙연산 결과는 유리수다."

"그래. $\frac{1+\sqrt{5}}{2}$를 유리수 $\frac{b}{a}$(기약분수)라 가정하자. $\frac{b}{a}=\frac{1}{2}+\frac{\sqrt{5}}{2}$가 되겠지. 유리수는 좌변에, 무리수는 우변에 정리하면 $\frac{b}{a}-\frac{1}{2}=\frac{\sqrt{5}}{2}$, 양변에 2를 곱하면, $(\frac{b}{a}-\frac{1}{2})\times 2=\sqrt{5}$가 되겠지. 좌변 $(\frac{b}{a}-\frac{1}{2})\times 2$는 유리수

끼리의 사칙연산이므로 유리수가 되는데 우변의 무리수 $\sqrt{5}$와 같다는 건 모순이다. 이것이 $\frac{1+\sqrt{5}}{2}$를 유리수라고 가정하고 이끌어낸 결론이다."

"아, 이제 귀류법이 뭔지 좀 알 것 같아요."

내가 고개를 끄덕이자 박사님이 웃으며 말했다.

"한걸음 더 나아가보자. 리(理)는 논리(logos)라는 의미이며 이성을 뜻한다. 유리수는 리(理)가 있는 수라는 뜻으로, '리'는 논리, 조화, 이성이다. 처음엔 유리수밖에 모르는 상황에서 무리수가 나타나 당혹스러운 나머지 리(理), 조화, 이성이 없는 것으로 여겨 그렇게 이름 지은 것이지. 그리스인은 무리수 없이 수학이 성립할 수 있다고 생각하고 내가 중요시한 수론, 음악, 도형, 천문, 수학적 요소가 있는 학문을 'mathemata'라 했다. 훗날 사람들은 이들에 공동으로 포함되는 수학(mathematics)을 별도로 생각해 중요하게 여겼지."

철학 공부의 중요성

"정말 훌륭한 동행이었네, 피타고라스."

"별말씀을요, 박사님. 벌써 가시려고요?"

"수학에 대한 자네의 열정은 후손들에게 정신적 밑거름이 될 거야."

"감사합니다. 돈아도 잘 가라."

"네. 감사했습니다."

우리는 피타고라스와 작별을 하고 다시 길을 걸었다.

"이번엔 어디로 가시려고요?"

"집으로 돌아가자꾸나."

"네, 벌써요? 왜요?"

"중요한 일이 있다."

"네에."

"돈아야, 피타고라스와 나눈 이야기를 모두 이해하겠니?"

"글쎄요. 알 것도 같고 모를 것도 같아요."

"그래. 그럴 거다. 옛말에 『삼국지』를 세 번 읽은 사람과는 싸우지 말라'는 속담이 있다. 『삼국지』는 처음 읽을 때는 만화처럼 재미있지만, 두 번 읽으면 역사를, 세 번 읽으면 인간을 알게 된다고 하지. 같은 책이라도 생각(의식)을 갖고 읽으면 그 의미가 달라진다. 의식이 깊어지면 대상이 다른 모습으로 나타난다. 이 사실을 두고 헤겔은 '의식이 변하면 대상도 변한다'고 했지. 공부하고 경험하면서 지(知, 앎)가 쌓여 간다. 헤겔의 말은 지(知)가 높아지면 그만큼 대상을 깊이 이해한다는 뜻이다. 대상이 단지 눈에 비친다 해서 아는 것이 아니라 의식을 갖고 대해야 한다는 거지. 중요한 철학적 명제 '대상의 본질은 보는 이의 지식에 달려 있다'의 진정한 의미도 이와 같다."

"보는 것이 아니라 이미 머릿속에 담겨 있는 그것에 관한 지식이 중요하다는 의미인 거죠?"

"그렇지. '낫 놓고 기역자도 모른다'는 속담처럼 한글을 배우지 않은 외국인에게는 낫을 보여준다 해도 기역자와 닮았다고 말하지 못할 것이다.

경험도 중요하고 배움도 중요하다. 이런 식으로 지식을 쌓아야 제대로 사
람을 알아볼 수 있다. 헤겔은 지식을 쌓아가는 과정을 건축에 비유하고,
교양을 쌓는 과정이라고도 말했다. 교양은 시험공부로는 얻을 수 없다. 성
적이 좋다고 해서 교양인인 건 아니다. 형식적인 학교 공부가 아니라 적극
적으로 지식을 쌓아두어야 하는데 가장 좋은 길잡이가 바로 철학이다. 요
컨대 대상을 직접 눈, 귀로 탐색하는 것이 아니라 그동안 머릿속에 쌓아놓
은 지(知)의 보따리를 통해 아는 것이다. 알겠지?"

"네!"

"그래, 그럼 돌아갈까? 매소피아!"

6장
그리스 철학은 모든 학문의 아버지야!
파르메니데스, 논리수학을 탄생시키다.

박사님은 의자에 앉아 눈을 감고 무언가를 골똘히 생각하고 계신다. 생각해보니 몇 번의 여행을 하며 꽤 많은 사람을 만난 것 같다. 엉뚱한 아르키메데스, 고약한 성격의 라이프니츠, 수다쟁이 탈레스 등. 학교에서는 결코 만날 수 없는 천재들을 만났다. 이 이상한 여행이 나쁘지는 않은 것 같다. 앞으로 또 어떤 사람들을 만나게 되는 걸까? 그들은 어떤 철학을 갖고 있을까? 나는 궁금해졌다.

　　"돈아야!"

　　고개를 돌리니 박사님이 나를 빤히 쳐다보고 있었다.

　　"네."

　　"철학 여행은, 재미있니?"

　　"네, 박사님. 조금 어렵긴 해도 무척 재미있어요."

　　"다행이구나. 내가 괜한 고민을 했나 보구나."

　　"어떤 고민이요?"

　　"이 여행이 너에게 도움이 될 거라고 믿고는 있지만 너 스스로가 좋아

'사유'라는 것은
줄기만큼 땅 속으로 자라는
나무뿌리 같은 것.

하지 않는다면 이쯤에서 그만두는 게 나을 거라고 말이다."

"갑자기 왜 그런 말씀을 하세요?"

"왜냐하면 철학은 공부를 해나갈수록 더 깊어지고 복잡해지기 때문이지. 앞으로 더 어려워질 거야."

"더 어려워진다고요?"

"그래. 사유(思惟)라는 건 그런 거다. 마치 나무의 뿌리처럼 자라날수록 더 깊고 더 멀리까지 가야 한다. 마찬가지로 계속 공부해갈수록 스스로 생각하며 헤쳐 나갈 게 더 많아질 게다. 할 수 있겠니?"

'이제까지도 쉽지 않았는데, 더 어려워진다고? 게다가 스스로 헤쳐 나가야 한다고?'

나는 곰곰이 생각했다. 이제껏 나는 학교에서, 학원에서, 그저 가르쳐주는 대로만 해왔다. 그러고 보니 딱히 뭘 하고 싶은 것도 없었다. 그냥 시키는 대로, 정해진 대로 하다보면 무언가 되는 줄로 생각해왔다. 눈앞에 보이는 걸 찾는 데에만 급급했던 것이다.

박사님과 여행을 하면서 그동안 해왔던 것들이 뭔가 잘못된 듯한 느낌이 들었다. 시험을 보고 나면 깡그리 잊어버리는 게, 나는 줄곧 내 머리가 나빠서라고 자책했었다. 하지만 박사님의 이야기를 들으며 나는 지금까지 교과서, 참고서에도 없는 세계의 문을 열어가고 있다는 걸 깨달았다.

"인내는 쓰지만 그 열매는 달다는 말처럼, 쉽진 않지만 사유의 긴 터널을 지나고 나면 '너 나름의 철학'이라는 열매를 맛보게 된단다. 이 철학이 전과는 다르게 수학을 보게 해 줄 거다. 이미 즐거움도 누린다니 용기를 가지도록 해라."

"할 수 있어요, 박사님. 꼭 하고 싶어요."

"그래. 그럼, 파르메니데스를 만나러 가볼까?"

"파르메니데스요?

"그래."

"네, 좋아요. 매소피아아~!"

"네, 박사님! 어라, 지금 돈아 네가 날 부른 거야?"

"그래. 빨리 파르메니데스에게 데려다 줘."

"매소피아, 어서 가자꾸나. 돈아도 이제 어엿한 우리의 동료니까."

"네, 알겠습니다."

장중한 베토벤의 〈운명교향곡〉이 흘러나왔다. 나는 또다시 가슴이 두근거렸다.

"이곳은 남이탈리아의 해안도시 엘레아다."

"엘레아요?"

"그래. 고대 그리스에는 3대 학파가 있었다. 밀레토스학파, 피타고라스학파 그리고 엘레아학파. 이 세 학파가 서로 자신들의 철학만이 진리라며 다른 학파를 공격했다."

"철학은 수학처럼 하나의 의견으로 모아질 수 없나요?"

"수학의 정리는 모두가 인정하는 전제에서 논리에 따라 증명할 수 있는 것만 다루기 때문에 답이 나오면 모두가 승복한다. 그러나 철학은 애초부터 증명할 수 없는 신념에서 출발했기 때문에 의견 차가 발생하는 건 당연하다."

"세 학파가 어떻게 다른데요?"

"밀레토스, 자연철학파는 눈, 귀 등 오감으로 자연을 관찰했으며 그것에 뿌리를 두는 자연과학(물리, 화학, 생물, 천문 등)에는 관측, 실험이 필수적이다. 탈레스를 비롯한 자연철학자들은 한결같이 자연현상을 관찰하고 그 변화의 원인인 기본원리를 물, 불, 공기 등으로 파악했다. 피타고라스학파는 '만물은 수'라는 수 중심주의를 믿고 음악, 명상, 수를 하나로 묶어 종교화했다. 그리고 엘레아학파는 이들과는 판이하게 이성, 논리 중심의 존재철학을 주장했다."

"파르메니데스는 엘레아학파인가요?"

　"그래. 파르메니데스(Parmenides, BC 515?~BC 445?)는 엘레아학파의
시조이자 논리주의, 이성주의의 창시자로 불리지. 파르메니데스를 중심으
로 한 엘레아학파의 철학자들은 자연철학자들에 대해 '귀머거리, 벙어리,
장님인데다 진짜와 가짜를 구별할 수 없는 멍텅구리'라며 비난을 퍼부었
다. 현실세계를 기본원리로 설명하는 밀레토스학파와는 정반대의 입장이
다. 이들은 감각에 의존하는 자연철학을 철저히 부정했고, 사유만으로 구
성하는 자기 철학, 논리만을 진리라 주장했다."

"남의 신념을 공격하다 주먹다짐하겠어요."

"그건 야만적인 행동이지. 그들은 서로가 세계를 해석하려 한다는 점은 인정하고 있다. 그리고 철학세계에서는 모든 걸 논리와 증명을 통해 해결해야 한다."

"박사님. 솔직히 말씀드리면, 기하학을 비롯해 수식도 없이 등장하는 증명이 바로 제가 수학을 싫어하는 가장 큰 이유예요. 처음 가정과 결론, 증명이라는 순서를 보고 왜 그렇게 딱딱하게 느껴지는지! 수학에 정이 뚝 떨어졌거든요. 그리스인은 원래 그렇게 따지기를 즐기는 민족인가요?"

"원래 증명이란 건 서로 대등한 입장에서 자기의 생각을 상대에게 납득시키기 위해 시작된 거다. 그리스는 바위산이 많아 땅이 척박해서 여러 도시국가로 분열된 작은 나라였다. 도시국가는 그 특성상 평소에는 서로 싸우다가도 외부의 대국이 공격해 올 때면 공동의 이익을 위해 협력하고 공존해야만 살아남을 수 있었다. 실제로 대제국 페르시아가 공격해 왔을 때 모든 도시국가가 연합해 물리쳤지. 그들은 자신의 이익을 자각한 민주국가였고 이해가 일치하면 단결했다. 협력은 서로의 합의를 통해 가능하다. 이러한 환경에서 자연스럽게 상대를 설득하는 논리가 발달하게 되었지. 도시국가는 모두가 대등한 관계였기에 기본적으로 민주제도, 논리가 중요시될 수밖에 없었다."

"환경에 따라 나라마다 문화가 다르다는 말씀이시죠?"

"그래. 중국의 경우를 살펴볼까? 중국은 기원전 770년에서 기원전 221년까지 549년간의 춘추전국시대에 소국들이 연합하여 대국에 맞서기 위해 설득의 수단을 발달시켰다."

"중국도 설득이 발달했는데 왜 민주주의 국가가 아닌 거죠?"

"지리적 환경이 크게 좌우했지. 중국의 가장 중심지였던 황하 주변은 범람하는 강물로 인해 대규모의 치수 공사가 필요했다. 이를 위해서는 어마어마한 노동력이 소요될 수밖에 없었고, 이들을 통제하기 위해 강력한 왕권이 등장했지. 대국의 황제나 관리들에겐 정치력이 필요했고, 그래서 수많은 사람의 마음을 움직여야 했던 유력자(有力者)들은 논리보다 고사성어와 비유, 수사를 발달시켰다. 이는 민주적이기보다는 권위적인 구조였지."

"박사님, 우리나라의 설득은 어느 나라와 비슷한가요?"

"우리나라는 오랫동안 중앙집권통치구조였고, 사회구조는 양반 중심이며 공자, 맹자를 성인시하는 계급사회였으며, 정치를 중요시했기에 논리가 발달하지 못하고 중국처럼 수사가 발달했지. 일반적으로 민주국가는 논리를 발달시키고 권위적인 나라에서는 비유와 수사가 발달한다."

파르메니데스

박사님은 어느 작은 집 안으로 주저 없이 들어갔다. 방 안에서 백발의 노인이 환한 표정으로 우리를 맞았다.

"반갑네, 파르메니데스."

"반갑네, 박사. 오랜만이야."

"인사하렴, 돈아야. 내 벗 파르메니데스란다."

"안녕하세요. 홍돈아입니다."

"어서 오렴. 편하게 앉게."

우리는 폭신한 의자에 앉아 차를 마셨다.

"파르메니데스, 오랜만에 자네 철학에 대해 듣고 싶군. 돈아도 함께 말이야."

"논리의 출발은 같은 것과 그렇지 않은 것을 구분하는 데 있지. =와 ≠을 따지는 동치율의 첫 조건을 알고 있니?"

"A는 A와 같고, A와 A가 아닌 것은 같지 않다는 A=A, A≠−A이잖아요?"

"난 그 A에 존재를 넣고 생각했다. 눈, 코, 귀, 입, 피부 등 감각에서 얻는 것은 착각일 수 있고, 머리로 생각하는 것만이 진실(존재)이라 믿었다. 의식이 없다면 세상도 없다. 다시 말해 의식할 수 있는 것만 존재하며 영원히 변치 않는 진짜 진리라는 뜻이지."

"'눈에 보이느냐, 아니냐'로 존재를 판단하지 말라는 건가요?"

"요컨대 오직 이성만을 믿으라는 거다. 감각을 통한 판단은 비이성적이다. 감각으로 알아내는 건 늘 변하므로 진짜 존재가 아니며, '있는 것은 있고 없는 것은 없다'는 것이다. 그렇다면 '있는 것이 없어지거나 없는 것이 있게 된 것은 존재가 아닌 것이다. 감각으로 느끼는 '있다, 없다'는 단순한 명목일 뿐이니 머리로 생각하는 이성(理性)만을 믿어라. 그걸 통해서만 오직 진리에 접근할 수 있다."

"어렵네요. 세상에 변하지 않는 게 있을까요?"

"아니다. 변화라는 건 부정되어야 한다. '변화란 A가 A 아닌 것이 된다'는 말이며, A가 A로서 존재할 수 없다는 뜻이다. 결국 존재(存在)가 비존재(非存在)로 바뀌는 건 이치에 맞지 않다는 거다. 즉 진정한 존재는 변하지 않는다."

"존재, 비존재를 구분하는 게 그렇게 중요한가요?"

"'존재와 비존재'를 따지는 건 나 자신과 세계를 확인하기 위한 중요한 철학이다. 이것이 바로 '존재론'의 시작이지."

"덧붙이자면…"

박사님이 말을 이었다.

"세상엔 실제로 있는 것을 없다 하고, 없는 것을 있다고 믿는 사람이 많다. 아이들이 눈을 감으면 세상이 없어진 줄 알고 울지 않니? 어떤 종교가들은 눈에 보이지 않는 온갖 신들을 내세우기도 하지. 불교에서는 아예 '모든 것은 무(無)이며 오직 현상만이 연(緣)으로 생기고 그것이 없어지면 아무것도 없는 공(空)이다'라고 하지."

다시 파르메니데스가 말했다.

"맞다. 나의 철학은 '말로 표현할 수 있고, 생각할 수 있는 것만이 존재한다'에서 출발한다. 이는 '있는 것'과 '없는 것'에 관한 연구다. 대부분의 사람들에겐 눈에 보이지 않는 진리의 존재보다 눈에 보이는 실체가 중요하지만, 궁극적인 진리를 생각하는 철학자들에겐 눈에 보이고도 변한다면 오히려 허깨비나 다름없는 것으로 여겨지지."

박사님과 파르메니데스가 동시에 걱정스러운 눈으로 나를 보았다. '이해를 했니?'라는 무언의 압박이었다. 머릿속이 어지러웠다. 박사님 말이 맞았다. 철학은 점점 어려워진다.

순간의 철학

"알쏭달쏭하지? 곰곰이 생각해보면 철학이 너에게 다가온다. 너무 서두르지 마라. 아무리 훌륭한 철학자라 해도 처음엔 지금의 너와 다를 바가 없었다."

내 마음을 눈치챘는지 파르메니데스가 조용히 말했다.

"사실 내 철학은 '순간의 철학'이라 할 수 있다."

"순간의 철학이요?"

"그래. '지금'이라는 순간을 생각해봐라. 찰나의 시간인 '지금'은 순식간에 지나가버리기에 영원한 진리를 생각하는 철학의 대상이 될 수 없다. 지금 이 순간을 의식한다 해도 그 순간은 바로 없어지고 과거가 된다."

파르메니데스는 손가락으로 딱 소리를 내며 '순간'이 없다고 말했다.

"순간이 없다고요? 지금 시계를 보고도 몇 시인지를 알 수 없다는 말 같은데요?"

"그래. 시간을 이야기하는 순간 그 시간이 지나가버리니까."

"갑자기 시간을 몽땅 잃어버린 기분이에요. 순간이 '존재가 비존재'가 되는 시간이라니, 놀라워요."

"그게 바로 플라톤과 아리스토텔레스가 지적한 놀라움이며 철학의 시작이다."

박사님이 말했다.

"서양철학은 시간, 순간의 문제를 중요하게 여긴다. 바로 그 모태인 그리스 신화가 시간의 신, 크로노스에서 시작된 전통에 따른 것이다. 크로노스는 그의 아내 레아와의 사이에서 낳은 자식을 모두 먹어치워 버린다. 크로노스의 자식은 '순간'을 의미하며 크로노스가 자식을 삼켜버린 것은 '시간이 태어나자마자 사라지는 속성' 때문이다. 마지막에 태어난 제우스는 아버지 크로노스를 죽임으로써 순간을 이어 시간을 흐르게 하고 인간과 신의 아버지가 된다. 제우스의 자손과 인간은 순간을 이어붙이고 문명을 구축했다. 이를 일컬어 칸트는 '세계는 시간 속에서 시작되었다'고 하였다. 수학은 시간의 문제를 함수로 생각하지만 파르메니데스의 입장은 이성만이 시간을 초월한 존재이며 '옳은 길'에 갈 수 있다는 것이다. 진리는 '이성(logos)에 의해 판별되는 것', 즉 믿어야 할 것은 이성이다."

"내가 존재하는가, 존재하지 않는가? 지금 내가 누군가의 꿈속에 있는가? 이런 걸 걱정하다니 철학자들은 한가한가 봐요."

없다와 있다

"파르메니데스의 철학을 알기 위해서는 '없는 것, 있는 것'을 이해해야 한다."

"없는 것과 있는 것!"

"일상생활에서는 '없다와 있다'는 말을 무책임하게 하지만 철학에서는 죽고 사는 것만큼 중요한 문제다."

파르메니데스는 조용히 일어나 방 안을 서성이다가 문 밖으로 나갔다.

"파르메니데스는 존재하지 않는구나!"

"박사님, 무슨 말씀을 하시는 거예요. 지금껏 함께 이야기했잖아요."

"돈아야, 난 파르메니데스가 이 방 안에 없다는 걸 말한 거란다. 이처럼 일상적인 '없다'는 가령, 이 방 안이라는 한정된 공간에서는 가능할지 모르지만 넓은 세계에서는 증명할 수 없는 일이다. 이 방 안에 나비가 없다 해서 정말 나비가 존재하지 않을까?"

"이 방에는 없지만 자연에는 나비가 얼마든지 있죠."

"그래. 어딘가에 있는 나비를 발견하지 못한 것뿐인데, '나비가 없다'는 거다."

"그렇다면 '없다'가 발견하지 못했다는 의미라면, 어딘가에 있다고 해야 하는 건가요?"

"명제 '신이 존재하지 않는다'를 생각해보자. 어디에서 무엇을 조사해야 신이 있는지 없는지 말할 수 있을까? 여기에는 없지만 저기에는 있을 수 있고, 한국에 없다고 하면 또 다른 어떤 나라에는 있을지도 모르지. 이런 식으로 생각하면 끝이 없다. 때문에 '존재하지 않는다'를 증명하려면 '신이 존재한다'는 명제에서 모순을 유도해야 한다. 이게 귀류법이다."

"'없다'와 '발견 못했다'는 다르다는 얘기군요. 발견하지 못한 것이 정말 없다는 걸 증명하려면 그것이 어디에도 없다는 걸 증명해야 한다는 말씀이신가요?"

"그렇지."

있는 것은 있고, 없는 것은 없다

잠시 밖에 나갔던 파르메니데스가 다시 방 안으로 들어왔다.

"자네가 자리를 비운 사이, '있다와 없다'에 대해 간단히 설명해줬다네.

'있는 것'은 간단히 설명할 수 있는지는 나는 잘 모르겠군. 자네가 좀 해 주게."

"박사, 너무 겸손한 거 아닌가?

그 말에 박사님은 방긋 웃었다.

"돈아야, '있는 것은 있고, 없는 것은 없다'라는 걸 믿니?"

"있는 건 있고, 없는 건 없다. 당연한 말이죠."

"그렇다면 '있는 것(절대진리)은 하나인가, 둘인가'라는 물음에 대해서는 어떻게 생각하니?"

"'절대' 진리는 절대강자처럼 지존이라는 말이니까 하나겠죠."

"그래, 네 말처럼 서로 다른 것이 존재한다는 것은 A가 아닌 B가 존재 하는 거다. 바꾸어 말하면 A가 존재하면서, A가 아닌 존재(비존재)를 인정 한다는 거지. 하지만 비존재인 B를 존재한다고 하는 건 모순이다."

"지금 저와 파르메니데스처럼 서로 다른 두 존재가 각각 존재할 순 없 단 말인가요? 그렇다면 무엇이 존재하는 건가요?"

"존재는 존재이고, 비존재는 비존재이다."

"휴우, 알 것도 같고, 아직 아리송해요."

"A가 존재라면 A 아닌 B는 존재가 아닌 비존재다. 너는 두 사람을 보 며 '둘이 있다'고 하지만, 눈이 너를 속일 수 있으니 눈으로 보고 내뱉는 말 을 믿지는 말라는 것이다."

"눈이 나는 속일 수 있다?"

허공과 진공에 대해

"또한 양(量)이 많다는 것도 부정된다. 두 존재(A와 B)가 있다면, 하나가 아닌 다른 것도 존재한다는 것이며, 그렇다면 이들 간에는 서로 다른 자리가 있어야 한다. A가 있는 자리가 아닌 곳에 B가 존재한다. 서로 다른 두 개는 없는 것이므로 A가 존재할 공간이 없고 이런 공간을 허공이라 한다."

박사님이 말했다.

"저와 박사님 사이에 이렇게 엄연히 빈자리가 존재하는데 현실을 무시하는 건가요?"

"이건 참존재에 관한 이야기다. 돈아, 너 매소피아가 안내하는 영상 세계를 진짜로 착각할 때가 있지? 파르메니데스는 오감을 착각의 원인이라 생각하고, '존재는 존재, 존재하지 않는 것은 무(無)'라는 공리에서 출발한 논리를 주장한 것이다. 믿어야 할 것은 논리이며 눈에 보이는 현실이 아니다. '없는 것이 있는 자리'는 허공이라는 생각이 바로 화학에서의 진공이라는 개념이다. 그러나 공허(空虛)한 공간이란 존재하지 않는다. 왜냐하면 그것은 허무(虛無)의 존재를 인정하는 결과가 되어, 결국 없는 것을 있다고 하는 논리가 되기 때문이다."

머리가 빙빙 돌았다. 대체 무슨 이야기를 하는 건지 이해가 가지 않았다. 존재와 비존재, 유일한 것과 많은 것. 대체 무슨 소리인가?

"파르메니데스의 시대에는 '0'이 없었다. '0은 아무것도 없는 것이 있다'는 논리로 수학의 시민권을 얻은 것이다. 유럽인은 '자연이 진공을 싫어해

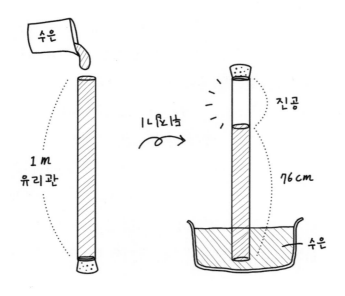

수은

1 m
유리관

1기압

진공

76 cm

수은

토리첼리의 실험

대기압은 수은을 76cm 받치는 압력과 같다고 생각한
토리첼리는 이 때의 압력(수은 기둥의 압력=대기압)을
1기압이라 정의하게 된다.

서 공간에는 반드시 그곳에 무언가가 가득 차 있는 것으로 믿고 진공을 삭제
한다'는 아리스토텔레스의 말을 오래도록 진리로 여겨왔다. 파르메니데스도
그렇게 믿고 있었지."

"네~."

"토리첼리(E. Torricelli, 1608~1647)와 파스칼(B. Pascal, 1623~1662)

이 처음 진공의 존재를 실험으로 증명했을 때조차 많은 학자들은 그의 실험을 믿지 않고 오히려 실험과정에 오류가 있다고 비난했다. 파르메니데스는 '2개의 존재는 없다'는 것과 같은 논법을 계속해서 '진정한 존재는 유일하다'는 매우 중요한 신념에 도달했지. 앞으로 설명하겠지만 그의 후배인 대철학자 데카르트도 그런 식으로 믿었다. 근대과학은 파르메니데스의 철학에 뿌리를 두고 있는 것이다. 논리주의 철학은 결코 맹랑한 것이 아니다. 파르메니데스는 눈에 보이는 것, 금방 사라지는 것은 존재로 생각하지 않고 단 하나의 실재를 신과 같은 것으로 여겼다. 그가 주장하는 실재는 보통 우리가 일상적으로 경험하는 감각을 통해서 확인된 세계가 아닌 머릿속의 세계다."

"아하, 눈에 보인다고 다 믿지 말고 꼭 논리적으로 생각하고 살아야겠다. 이제 존재론에 대해 조금 알 것 같아요."

"다음 기회에 이야기하겠지만 근대과학의 출발점은 바로 데카르트의 존재론이다."

논리주의자의 신념

"파르메니데스, 그런데 정말 세상은 논리만으로 이루어진 건가요? 그게 가능한가요?"

"좋은 질문이구나. 나는 사고(思考)와 존재(存在)를 하나로 여기며 이성적으로 생각하고 합리적인 것만을 존재한다고 믿는 논리주의자다. 피타고라스는 수를 숭상해서 남자는 홀수 여자는 짝수라는 식으로 모든 것에 수의 의미가 있다고 생각했다. 이는 밀레토스학파가 물, 공기 등으로 세계를 설명한 것을 '수'로 대신했을 뿐 기본적 존재(기본원리)를 믿는다는 점에서는 공통적이다."

"그렇죠."

나는 이제껏 여행에서 배운 것을 떠올리며 대답했다.

"하지만 나는 이런 주장을 받아들일 수 없다. 기본원리는 물질, 수와 같은 것이 아니라 이성적인 것, 즉 논리다. 더욱이 피타고라스는 음악을 통한 정신의 정화를 중요한 교리로 삼았으나 음악은 감각적인 것에 불과하지. 내가 믿는 건 오직 논리(logos)뿐이다. 허망한 감각에서 유도된 공리(空理), 공론(空論)과는 다른 분명한 논리의 결과다."

"파르메디데스는 현실을 무시하고 논리에 너무 집착하는 것 같아요. 이건 이성이라면서도 비이성적이지 않나요?"

박사님께 속삭이자 박사님도 속삭이듯 대답했다.

"눈앞의 현실을 무시하는 것이 어쩌면 극단적으로 보이겠지만, 논리 하나만을 믿고 자기 소신을 펼치는 지적 용기는 인류문명을 열어가는 힘이 된다. 그의 이론은 오늘날의 존재론으로 이어지고, 현대과학의 기반이 되었지."

"무식하면 용감하다는 건가요?"

"무식과는 전혀 다르다. 소신이라는 건 억지로 자기주장을 고집하는 것과는 다르다. 어떠한 반대에도 굽히지 않고 제 소신(이성)에 따라 가는 거라면, 사람들은 그걸 용기라 부르지. 그만 갈까? 즐거운 만남이었네, 파르메니데스."

박사님이 자리에서 일어나자 파르메니데스가 서운한 표정을 지었다.

"벌써 가려고? 오랜만에 만났는데 더 이야기하면 좋을 텐데."

"해가 지고 있다네. 우리도 다시 먼 길을 가야지."

"그런가. 벌써 시간이 이렇게 되었나?"

"또 보세."

나도 뒤따라 인사를 건네고 박사님의 뒤를 따랐다.

"안녕히 계세요. 많이 배웠습니다."

"그래, 돈아도 잘 가라. 이것 하나만 명심해라. 감각은 인간을 속일 수 있지만 이성은 절대 배신하지 않는다. 논리는 곧 이성이며 생각하는 것과 지금 여기 있는 것(존재)은 같다. 믿어야 할 것은 '논리=이성=진리=존재'라는 것이다."

"네, 명심할게요."

박사님과 나는 밖으로 나와 근사한 식당에 들어갔다. 일하는 사람이 다가오자 박사님이 음식을 시켰고 잠시 후 꼬치 요리와 빵이 접시에 담겨 나왔다.

"먹어보렴. 맛있단다."

"이거, 진짜 먹을 수 있는 거예요?"

"그럼, 먹어 봐."

나는 음식을 들어 한 입 베어 물었다. 아무 맛도 느껴지지 않았다.

"아무 맛도 없는데요?"

"'미각'은 없다. 당연하지. 하하하하."

"그렇다면 이제까지 저희가 먹고 마셨던 건 뭐였어요?"

"다 가상공간에서의 일이였지. 네가 정신이 없어서 눈치를 못 챘던 거야. 매소피아라도 음식을 만들어낼 수는 없어. 일단 그냥 시킨 거란다."

존재론과 수학

"박사님, 존재론이 그렇게 중요한가요? 존재니, 이성이니 말만 요란스럽지 실감이 나지 않아요."

"존재론은 서양철학의 중요한 맥이다. 근세의 대철학자 데카르트와 칸트에게로 이어지고 철학과 수학의 주류가 되었지."

"논리 때문인가요?"

"그렇다. 가령 방정식에서는 '해가 있느냐 없느냐'를 묻는 것이 답을 계산하는 것보다 중요할 수 있다. 수학이 해의 존재를 중요시하는 것도 바로 그리스 존재론의 영향이지. 파르메니데스의 논리는 학자들로부터 수많은 공격을 받았지만 그의 존재론은 '수학은 곧 논리다'라고 여기는 오늘날의 버트런드 러셀(B. Russell, 1872~1970) 등의 논리주의 수학으로 이어진다. 그 외의 다른 그리스 철학이 오늘날 학문의 모든 면에 영향을 끼치고 있는 것도 마찬가지다."

날아가는 화살은 멈추고 있다

"맞아요. 어떤 방정식은 '해가 없다'는 게 정답이었어요. 얼마나 황당했는지. 존재론이 의미가 있기도 하네요."

"그뿐이 아니다. 파르메니데스의 제자 중에는 '날아가는 화살은 움직이지 않는다'는 주장을 한 제논(Zénon, BC 490?~BC 430?)도 있다."

"날아가는 화살은 움직이지 않는다고요?"

"거리가 d만큼 떨어진 점 A에서 점 B로 날아가는 화살이 하나 있다. 이 화살이 목표점에 도달하려면 일단 그 거리의 절반인 $\frac{1}{2}d$ 지점에 도달해야 한다. 같은 방법으로 남은 $\frac{1}{2}d$의 절반인 $\frac{1}{2^2}d$ 지점에도 도달해야 한다. 이 과정이 무한히 반복되어야 점 B에 도달할 수 있다. 즉 $\frac{1}{2}d$, $\frac{1}{4}d$, $\frac{1}{8}d$, $\frac{1}{16}d$, $\cdots$, $\frac{1}{2^n}d$, $\cdots$ 무한개의 점을 지나야 된다는 말이다. 바꾸어 말하면 순간순간의 화살은 무한개의 점에 멈추어 있다는 말이다. 제논은 날아가는 화살을 통해 모순을 제기하고 그 전제가 되는 직선은 유리수로 빈틈없이 채워져 있다는 피타고라스의 주장을 부정하게 된 것이다."

"파르메니데스의 제자가 피타고라스의 주장을 뒤집었어요?"

나는 의아해하며 물었다.

"그뿐만이 아니다. 한 곳에서 비어 있는 다른 공간으로 물질이 이동하는 것을 운동으로 여긴 개념마저도 거부한다. 제논은 겉으로 보기에 말이 안 되는 모순적인 상황을 해석하는 과정에서 새로운 진리의 의미를 만들어낸 거다. 그것은 모순되는 결론을 낳는 추론이라 해서 '역설(paradox)'이라 부른다."

"말은 맞는 것 같기도 하지만, 이렇게 맘껏 움직일 수 있는데 운동이 아니라니. 말장난 같아요."

"사실 그의 역설에 대한 평가는 다양하다. 당시엔 나눌 수 없는 운동을 분할한 오류를 범했다고 지적받기도 하고, 미분에 대한 개념의 도출과 근대물리학, 상대성 이론의 중요한 기원이라고 평가받기도 하지. 분명한 것은 이 역설에서 벗어나기 위한 지성의 노력이 수학을 더 발전시켰다는 것이다."

그리스 철학 세 학파의 내용 비교

지역	학파	대표 철학자	핵심 내용	수학	현재의 형태
밀레토스	자연철학	탈레스	자연은 기본원리(Arche,아르케)가 돌아가며 만든다. ·탈레스 : 물 ·아낙시만드로스 : 무한자 ·아낙시메네스 : 공기 ·헤라클레이토스 : 불 ·엠페도클레스 : 불,물,흙,공기	탈레스의 기하, 증명, 합동,비례	자연과학
이오니아	수 신비주의	피타고라스	모든 것은 수이다.	수론,음악이론 피타고라스 정리	수학 지상주의
엘레아	논리 (존재론)학	파르메니데스	유일한 존재는 이성이다.	무한론, 미적분의 출발점	존재론 철학, 논리주의 철학

파르메니데스의 전통

"철학자들은 다들 공통점이 있네요."

"그래? 그게 뭐라고 생각하니?"

"다들 외골수처럼 자기 생각에만 사로잡혀 있는 것 같아요."

"그건 일부만 보고 있는 거다. 그들은 자기파가 아니면 비난도 하지만, 그렇다고 귀를 닫고 있는 건 아니다. 상대 논리의 오류를 짚어내기 위해서 다른 파의 주장을 연구하고, 자신의 신념을 확장시켜 나가지. 그렇게 하기 위해서는 스스로의 이성을 믿는 게 가장 우선이다."

"하지만 상식적으로 말이 안 되는 것들이 많잖아요?"

"역사적으로 과학의 대발명이나 예술적 대창조는 상식적이거나 일상적인 것이 아닌 새로운 발상에서 출발했다. 코가 두 개인 사람을 그린 피카소의 그림도 그랬고, 지동설을 주장한 코페르니쿠스 역시 일반 사람들과는 다른 발상이 그 시작이었지. 특히 논리주의는 '말씀=사고=진리'를 믿는 철학이다."

"이해가 안 돼요."

"유클리드 기하학이라고 들어 봤지? 그것은 말씀이 곧 진리라고 믿는 데서 나왔다."

"아리송해요. 아마 대부분의 제 친구들도 그럴 걸요."

"1차 방정식, 2차 방정식을 배웠겠지?"

"네."

"이 방정식들을 그래프로 그리면 직선, 포물선이 된다. 17세기에 데카르트에 의해 등장한 도형 대신 그래프를 이용한 기하학이 바로 해석기하다. 파르메니데스 못지않게 자기의 이성에 자신 있었던 데카르트는 논리를 따라 모든 것을 의심했다. 그가 자신의 이성만을 믿었다는 사실은 파르메니데스의 입장과 같다. 오늘날에도 파르메니데스의 전통은 살아 있다. 노벨상을 두 번이나 수상한 논리주의 수학자 버트런드 러셀은 '수학이 곧 논리이며 현실성의 유무는 생각할 일이 아니다'라고 주장한다. 그 사상은 2,500년 전 그리스 논리학파의 시조 파르메니데스의 '유일한 존재는 곧 이성(논리)이다'와 맥을 같이 한다. 논리주의 수학자들은 지금도 초연하게 '논리만이 진리(존재)'라는 주장을 펼치고 있다."

"그리스의 철학이 지금의 학문에 큰 영향을 끼쳤다는 걸 이제는 알겠어요."

"그리스 철학은 정말 대단하지. 탈레스의 자연철학파는 오늘날 과학에 이어지고, 피타고라스의 수 신비주의가 현대수학에 준 영향은 헤아릴 수 없을 정도다. 계속 공부해나가다 보면 너도 그 위대함을 깨닫게 될 거다. 그만 일어날까?"

"네!"

우리는 자리에서 일어나 한참을 걸어갔다. 그때 뒤에서 사람들의 웅성거림이 들렸다. 뒤돌아보자 조금 전까지 박사님과 내가 앉아 있던 가게다. 무슨 일일까 궁금해 하는데, 사람들을 비집고 우리에게 음식을 가져다준 주인이 나타났다. 나와 눈이 마주치자마자 주인은 소리쳤다.

"도둑놈 잡아라. 돈도 안 내고 도망가는 저 두 도둑놈 잡아라."

"박사님, 혹시 저 사람, 우리한테 그러는 건가요?"

고개를 돌려보자 박사님의 얼굴이 빨갛게 달아올라 있었다.

"아무래도 그런 것 같구나. 뛰어라 돈아야. 까딱하면 큰일 치르겠구나."

"네? 정말요? 전 그런 거 싫어요."

"그럼 빨리 뛰어야지."

나는 죽을힘을 다해 뛰었다. 어느 순간 박사님의 기척이 느껴지지 않았다. 달리기를 멈추고 뒤를 돌아보니 박사님이 사람들에게 잡혀 있었다. 나는 너무 놀라 자리에서 꼼짝도 할 수 없었다. 그런데 박사님은 너무도 태연해보였다.

"돈아야, 넌 자꾸 잊어버리는구나. 내가 이 프로그램을 만들었다는 걸. 파르메니데스의 '오감은 착각'일 수 있다는 것을 되새겨라. 인생은 술에 취한 것처럼 살고 꿈속에서 죽는다는 '취생몽사'와 같다. 진짜 존재를 생각하렴."

뭐라 대답할 말이 떠오르지 않았다. 박사님이 다시 외쳤다.

"매소피아, 이제 그만 집으로 가자꾸나."

매소피아가 대답했다.

"네, 박사님!"

이런 바보. 난 언제쯤 박사님에게 속아 넘어가지 않을까. 하지만 나는 그리스 철학과 현대 학문의 관계를 알게 되었다는 생각에 기분이 좋았다. 허공에서 음악소리가 들려오기 시작했다. 요한슈트라우스의 〈트리치 트라타 폴카〉에 맞추어 박사님은 신나게 춤추며 돈다. 정말 자기밖에 모른다. 너무해!

7장
철학 논리가 오늘날의 수학과 과학을 만들었어!
플라톤의 이데아론, 그리스 3대 난문을 풀다.

"아직도 화가 나 있는 거냐?"

박사님의 말에 나는 아무 대답도 하지 않았다. 생각해보니 이제껏 몇 번이나 박사님 때문에 고생을 했다. 라이프니츠에게 끌려가 밤새 수학 공부를 강요당하지 않나, 개에게 쫓기지 않나, 이제는 바보 취급까지 당하다니. 분한 마음이 쉽게 가라앉지 않았다.

"박사님은 절 놀리는 게 재미있으세요?"

나는 참았던 화를 담아 소리쳤다.

"미안하구나, 돈아야. 내가 조금 심했나 보구나."

나는 박사님의 사과에 조금 마음이 누그러졌다.

"하지만 돈아야, 다 널 위해서라는 걸 알아주렴. 네가 즐겁고 유쾌한 추억을 담아 공부를 재미있게 하도록 하려던 게 너를 놀리는 게 되어 버렸구나. 앞으로는 네가 싫어하는 일을 하지 않는다고 약속하마."

"전부 싫은 건 아니에요."

나는 곰곰이 생각한 뒤 대답했다.

"다만 너무 갑작스럽고 당황스러워서."

"돈아는 너무 소심해."

매소피아가 불쑥 말했다.

"뭐라고? 전기가 없으면 아무것도 못하는 컴퓨터 주제에."

"돈아, 넌 좀 더 대범해지고 용감해져야 해. 그런 건 다 너 스스로 무언가를 해내려고 마음을 먹지 않아서야. 이 철학 여행은 체험하는 사람의 마음가짐에 따라서 이야기가 달라지는 최첨단 프로그램이야."

"그게 무슨 소리야? 다 너랑 박사님이 만든 거잖아."

"라이프니츠에게 끌려갈 때도 네가 좀 더 자기주장을 펼쳤으면 밤새도록 공부할 일도 없었을 거야. 그냥 가르치는 대로 배워야지 하는 마음을 먹고 있으니, 결국엔 시간만 낭비한 결과가 되어 버렸어."

"개에게 쫓겼을 때는 어떻게 설명할 건데?"

매소피아는 아무 대답이 없었다. 할 말이 없는 모양이었다. 하지만 나역시 할 말이 없긴 마찬가지였다. 생각해보면 이제껏 나 스스로 어려운 상황을 해결하려고 노력한 적이 없었다. 매소피아의 말이 어느 정도는 맞았다. 아빠는 말했다. '우리 돈아, 중학생이 됐으니 이제는 다 컸구나!' 하지만 나는 여전히 모든 책임을 다른 사람에게로 돌리는 철부지 어린애였다. 혼자서는 아무것도 할 수 없는. 그런 생각을 하자 우울해졌다.

"돈아야, 매소피아의 말을 너무 담아두지 마라. 매소피아도 네가 이 여행을 좀 더 즐겁게 했으면 하고 바라는 거야. 그렇게 이해해주렴."

"네에~."

나는 꺼져 들어가는 목소리로 겨우 대답했다.

"그래. 어서 빨리 다른 철학자를 만나러 떠나자꾸나. 이번엔 너도 잘 알고 있는 철학자를 만날 거란다."

"누굴 만나러 가는데요?"

"이름만 들어도 알 수 있을 거다. 바로 플라톤과 아리스토텔레스다."

"플라톤과 아리스토텔레스. 하지만 솔직히 제대로 아는 건 없어요."

"여행을 마치고 나면 많은 걸 알게 될 거다. 그럼, 갈까? 매소….."

"잠깐만요, 박사님!"

"응, 왜 그러니?"

"제가 할게요. 매소피아!"

매소피아는 아무 대답이 없었다. 나는 큰 맘 먹고 말했다.

"매소피아, 이젠 나도 스스로 생각하고 행동하려고 노력할 거야. 그러니까, 잘 부탁해."

그러자 매소피아가 대답했다.

"나도 네가 소심하다고 한 거 사과할게. 개에게 쫓기게 한 것도."

"좋구나. 자자, 어쨌든 '현실과 본질'이라는 철학의 중요과제는 이해했으니 이제 즐겁고 유쾌하게 여행을 떠나자꾸나."

"네, 박사님!"

나와 매소피아가 동시에 대답했다.

"그래. 가자, 매소피아!"

차이코프스키의 〈호두까기 인형〉 중 〈꽃의 왈츠〉가 잔잔하게 흘러나왔다.

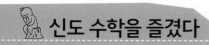
"자, 여기가 바로 그리스의 수도 아테네다."

"아테네라고요? 수도라 그런지 사람들도 엄청 많고 건물들도 어마어마 하네요."

"아테네는 파르테논 신전, 아카데미아 등이 있는, 명실상부 그리스 문명의 중심지였다. 유럽뿐만 아니라 전 세계 문화, 상업, 무역의 허브이기도 했지."

"대단해요. 눈에 보이는 하나하나가 문화유적지 같은 느낌이에요. 책에서만 보던 곳에 오니 신기해요."

"그렇다. 고대 그리스는 정말이지 엄청난 국가였지. 아, 저기 플라톤 (Plato, BC 427~BC 347)이 보이는구나. 제자들과 모여서 또 토론을 하고 있네. 이보게, 플라톤!"

철학자의 수학과 관리의 수학

박사님을 발견한 플라톤이 한달음에 달려왔다.

"안녕하세요, 박사님. 오랜만에 뵙습니다. 건강해보이시네요."

"그동안 잘 있었나? 자네도 건강해보이네. 여기는 내 제자 홍돈아."

"안녕하세요, 홍돈아입니다."

"그래, 안녕. 그런데 박사님, 이곳까지는 어쩐 일로 오셨나요?"

이집트 제국과 그리스 수학의 비교

	〈 제국의 수학 〉	〈 그리스의 수학 〉
목적	수리, 행정, 건축	사색
수학자의 신분	관리	철학자

"철학 여행을 다니는 중이네. 자네의 철학, 특히 이데아론을 이 아이에게 전수해주었으면 하네."

"철학과 수학 여행이라. 멋진 생각이네요. 그래, 뭘 알고 싶니?"

나는 잠시 생각한 뒤 말을 꺼냈다.

"수학은 시대마다 나라마다 그 쓰임새가 달랐던 것 같아요. 각각의 목적과 용도가 다른 것 같은데 이유가 뭐죠?"

"그래, 네 말이 맞다. 고대에는 나라마다 수학을 배우는 목적이 달랐다. 이집트를 비롯한 고대의 대제국은 농업이 주산업이어서 토지측량, 토목, 건축에 관한 도형문제와 세금, 식량분배에 관한 계산이 주관심사였지. 한편 그리스는 소규모의 도시국가였고 시민과 노예로 구성되어 있었다. 시민은 사색을 즐겼고 일정한 공식에 맞추어 계산하는 실용적인 문제는 노예가 도맡아 했다. 따라서 수학은 계산보다는 이론을 중심으로 발달했지. 특히 조형물을 제작할 때는 조화와 아름다움에 무게를 두었다. 도형문제는 수치가 없는 삼각형, 원 등 일반적인 것을 대상으로 했으며, 실용성을 위해서라기보다는 생각을 다듬기 위해서였다."

"생각을 다듬기 위한 수학이라니, 왠지 생소하네요."

"한마디로 사고훈련이며, 현상을 꿰뚫어 본질을 보는 것과 진리에 도달하기 위한 논리이다. 수학은 목적에 따라 달라지니까. 실용수학이라면 가령, 밑변이 $3cm$, 높이가 $2cm$인 삼각형의 넓이는 공식에 대입하면 $\frac{1}{2} \times 3 \times 2 = 3(cm^2)$라는 식으로 답을 구하겠지. 하지만 문제를 일반화하기 위해 수치를 무시하고 논리를 펼치면 '삼각형의 넓이는 사각형 넓이의 $\frac{1}{2}$이다'가 된다. 이처럼 연역적인 논리로 답을 유도한다. 그리스 수학은 사색을 위한 기하이며, 시민은 그런 문제를 즐기며 생각을 다듬었다. 특히 노예들이나 하는 계산문제에 철학자는 관심을 가지지 않았다."

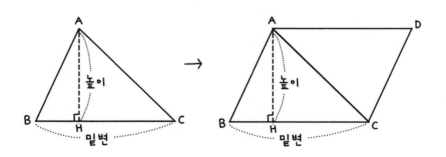

"아무리 사색을 중요시해도 실생활엔 계산이 필요하지 않나요?"

"실용이 목적이라면 답은 근삿값으로 충분히 만족할 수 있다. 반대로 실생활문제를 다루는 기술자들은 엄격한 증명에는 관심이 없고 실용적인 수치만을 구한다. 가령 원의 넓이를 구한다면, 모눈종이에 원을 그린 후, 원 안의 정사각형의 개수를 어림하여 원의 넓이를 구하면 된다. 하지만 철학자는 그 근삿값을 원의 넓이로 삼아도 되는지를 따진다."

"그런 식으로 공부한 그리스 학생들이 만약 한국 수능시험을 친다면 틀림없이 재수를 해야 할 겁니다. 그리스인이 기하학을 중요하게 여긴 이유가 뭔가요?"

"그리스인은 기하학만을 학문으로 여기지 않았다. 피타고라스학파는 수론, 기하학, 음악, 천문학을 일체화된 학문으로 여겼다. 물론 별을 보고 크기가 없는 점을, 광선을 보면서 앞뒤 양쪽으로 끝없이 뻗은 폭이 없는 직선을 생각했다. 하지만 기하학은 눈에 보이는 것 이상으로 이성을 훈련시키고 로고스 정신을 다듬는 것이 목적이었기 때문에 눈에 보이지는 않지만 머릿속에 있는 것을 중요하게 여겼다."

"별은 형태가 있고 광선에도 폭이라는 게 있는데, 어떻게 크기와 폭이 없다고 여길 수 있죠?"

"좋은 질문이다. 빛은 아무리 작은 구멍이라도 뚫고 지나갈 수 있다. 즉, 빛은 얼마든지 작아질 수 있다. 그러니까 크기나 폭은 중요한 본질이 아니라는 거다."

"눈에 보이는 것이 중요하지 않다는 건가요?"

"그렇다. 모든 현상에 존재하는 본질(이데아)이 중요하다는 거다. 기하학이 달력과 항해에 이용되는 실용적인 학문이라는 사실보다 더 중요한 건 현상을 본질로 설명하는 철학이라는 거다."

"실용이 목적이었던 이집트 수학에는 철학이 없었다는 건가요?"

"이집트에도 나름의 철학이 있었지만 왕과 관리들이 주도하는 사회였기에 권력을 찬미하지 않고는 큰 의미가 없었다."

"아, 중국과 비슷하네요."

"그렇지. 박사님 제자라 역시 뭘 좀 아는구나."

"아, 지난 번 여행 중에 알게 된 사실이에요."

"진리를 따르는 이집트 고유의 철학이 권력을 눈치 보느라 후세에 전해지지 않았다는 사실은 안타까운 일이지. 반면 언론의 자유가 보장되었던 그리스에는 진리만을 중요하게 여긴 철학자들을 중심으로 학교, 학파가 형성되었다. 지금도 수많은 이들이 '실질적인 세계문명의 어머니'라며 그리스를 칭송하고 있다."

"역시 철학이 중요하다는 말씀이죠?"

"진리, 본질을 따지는 철학이 없는 학문은 영혼이 없는 인간과 같다."

그리스의 3대 난문

"그리스 기하학에서 가장 중요한 문제는 무엇인가요?"

나는 플라톤과 계속 대화를 이어나갔다.

"그리스 수학을 상징하는 작도에 관한 3대 난문이 있다. 첫째, 각의 3등분 문제. 둘째, 원적 문제(원과 넓이가 같은 정사각형의 변의 길이 구하기). 셋째, 배적 문제(주어진 정육면체 부피의 2배인 정육면체 만들기). 단, 눈금 없는 자와 컴퍼스로만 작도해야 한다는 것이 조건이다."

"결코 풀 수 없는 문제에 왜 매달리나요? 말 그대로 시간 낭비 아닌가요?"

"그런 걱정은 노예의 몫이야. 우리에겐 실용성보다 영원히 남는 논리의 결과가 중요하다."

"아휴, 여기에서도 논리가 문제라니 속 터져요. 꼭 정해진 조건으로만 작도를 해야 한다는 거죠? 어쨌든 그려내기만 하면 될 테니, 자와 각도기 좀 주세요."

"문제를 풀 때 조건을 바꾼다는 것은 합리적인 설계대로 집을 짓지 않는 것과 같다. 당장의 편의만을 따라 집을 지으면 문제가 발생할 수밖에 없다. 기하는 아무리 사소한 정의도 꼼꼼히 따지고 공리, 정리를 쌓아올리는 이성의 건축이라 할 수 있다. 그렇기 때문에 기하에서 조건 변경은 있을 수 없고, 답이 있는지 없는지를 따지는 것이 중요하다. 내로라하는 수학자가 이 원적 문제(squaring the circle)에 도전했다. 전문수학자들뿐만 아니라 그리스 지식인들은 이 문제를 풀어 일약 스타가 되려고 분투했지. 희곡작가 아리스토파네스(Aristophanes, BC 445?~BC 385?)가 쓴 작품 『새(鳥)』에도 이 문제와 씨름하는 철학자가 등장한단다."

"돈아야, 원적 문제에 대해 알겠니?"

박사님이 물었다.

"결국 파이(π) 값만 구하면 되는 거 아닌가요?"

"맞다. 그럼 파이(π)는 무엇이냐?

"파이(π)는 당연히 원주율이죠."

"그리스 문자 파이(π)는 '주위, 둘레'를 의미하는 'perimeter'의 머리글자를 따온 것으로 알파벳 'p'에 해당한다. 수학자는 정확한 원의 넓이를 구하기 위해 원을 수많은 개수의 부채꼴로 잘라 붙이는 노력을 했다. 정확한 원의 넓이를 구하기 위해 부채꼴을 아주 작은 크기로 잘라 붙여서 어림값만 구하는 데 만족한 대제국의 수학자들은 상상조차 할 수 없는 문제의식이다."

"그렇지만 아무리 작게 잘라서 붙여도 직사각형을 만드는 건 불가능하지 않나요? 설마 작도에 성공한 사람이 있어요?"

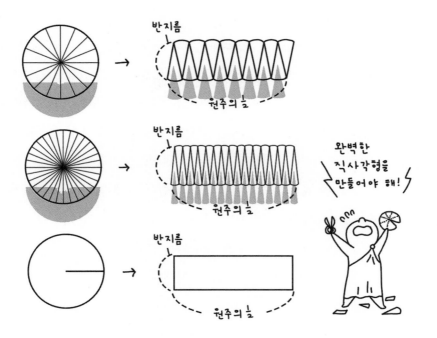

"작도에 성공한 사람은 단 한 명도 없었고 앞으로도 없을 거다. 그렇지만 상상력을 동원하여 유추해 볼 수는 있다."

"왜 꼭 눈금 없는 자와 컴퍼스만을 작도의 수단으로 고집한 거죠?"

"그리스인은 도형의 기본이 직선(자)과 원이라고 생각했기 때문이다. '원의 넓이가 얼마인가'가 문제라면 기계적인 방법으로 구할 수 있고 비록 정확하지는 않을지언정 근삿값을 구할 수 있다. 그러나 그리스인에게는 기술적인 해결이 아닌 자와 컴퍼스만 이용하는 완벽하고 누구나 납득할 수 있는 논리여야 했다."

"정말이지, 알다가도 모르겠네요. 그리스 수학자들이란….'"

나는 고개를 절레절레 흔들었다.

"그 후로 3대 난문에 관해서 수많은 수학자들이 도전한 결과 19세기 후반에 이르러서야 '불가능'이라는 답을 얻었다. 그 모든 노력이 비생산적으로 보이지만 작도에 성공한 것보다 더 큰 보람을 남겼지. '작도 가능'이라면 하나만 작도하면 되지만 '작도 불능'은 모든 경우에 대해 불능을 선언한 것이다. 이것이 바로 주어진 문제를 끝까지 추구하는 그리스 정신이라 할 수 있다. 문제의 조건은 수천 년이 아니라 몇 만 년이 흘러도 바꾸지 못한다. 끝까지 그것을 운명으로 받아들이고 도전하는 데 인간의 고귀함이 있다. '인생엔 낭비가 없다'는 루소(J. J. Rousseau, 1712~1778)의 말처럼 성공 여부를 막론하고 인류의 지적 작업에 낭비란 없는 것이지."

"노력을 계속한 수학자들에게 정말 감사해야겠네요."

그리스 신과 기하

"마지막 배적(倍積) 문제를 이야기하려면 먼저 그리스 신화를 이해해야 한다."

플라톤이 말했다.

"그리스 신화요?"

"그래. 그리스 신화는 그리스 철학의 뿌리이고, 신화에서 출발한 철학은 문명을 발달시켰다. 신의 본거지 올림푸스 산에는 열두 신이 있었다. 이들은 공통적인 특징을 가지고 있다. 첫째, 저마다 고유의 역할이 있다. 예술, 음악, 예언의 신이자 태양이기도 한 아폴로 신처럼 말이다. 둘째, 신들 역시 인간처럼 나이가 있고 각각 성별을 가진다. 셋째, 인간과 같은 모습을 하고 있고, 인간과도 잘 어울린다. 넷째, 자연과 인간의 운명을 결정하는 초능력을 갖는다. 다섯째, 부당한 이유로 인간에게 해를 끼치지 않고 합리적으로 생각한다."

"왠지 인간과 비슷하네요."

"맞다. 이 세상 모든 종교 중에 그리스의 신들은 인간과 공통점이 가장 많다. 그들 중엔 인간의 학문 중 특히 수학에 관심이 많고, 인간을 상대로 수학 시합을 하는 신도 있다."

"수학 시합이라니, 정말 엉뚱하네요."

"그리스의 황금시대로 일컬어지는 기원전 5세기 중엽, 아테네에 돌림병이 번져 아테네 인구의 4분의 1가량이 죽었다. 이런 대참사가 일어나고 있을 때 그리스 신은 인간에게 수학 문제를 냈다."

"그리스 사람들은 신에게 의지하지 않았나요?"

"그리스 신은 인간과 더불어 문명사회를 개척해가는 걸 사명으로 여겼다. '그냥 구해주세요' 한다고 구해주는 게 아니다. 델로스 섬에는 아폴로 신이 예언을 하는 신전이 있었고, 그 예언은 무녀의 입을 통해 인간에게 전해졌지. 돌림병이 확산되자 아테네인은 대표단을 그곳으로 보냈다. 그들은 신을 위해 제사를 지내고 공물을 바쳤음에도 '왜 그토록 엄청난 참사를 아테네에 몰고 온 것인가?' 이유를 따졌다. 신은 '신전 앞의 정육면체 모양의 제단을 봐라. 너무 작지 않으냐? 나는 항상 배고팠다. 제단의 부피를 2배로 늘려라'라며 오히려 호통을 쳤다. 이유를 알게 된 아테네 시민은 육면체 제단의 가로, 세로, 높이를 2배로 늘려서 제단을 만든 후에 그 위에 공물을 바쳤다. 하지만 돌림병은 가라앉지 않았지."

"어째서요?"

"아테네 시민은 가만히 있지 않고 '신의 말씀대로 제단을 2배로 크게 만들었는데 왜 약속을 지키지 않나요?'라고 항의했다. 그러자 신은 '너희들은 나의 바람을 거스르고, 제단의 부피를 2배가 아닌 8배로 늘려 버렸다. 이 무지한 것들!' 하며 화를 냈다. 시민들이 다시 계산을 해보니 신의 말대로 자신들이 만든 제단 부피가 8배가 되었다는 걸 깨달았지."

"정말 까다로운 신이네요. 더 많은 공물을 바치면 그냥 받아주면 되는 거 아닌가요?"

"일단 주어진 조건은 바꿀 수 없다는 것이 그리스 사상의 철칙이다. 이

것이 바로 정육면체의 부피를 2배로 만드는 모서리의 길이를 구하는 3대 난문 가운데 하나인 배적 문제다. 그것은 그리스 수학의 전통에 따라 자와 컴퍼스만을 사용해서 길이를 구해야 한다. 처음 정육면체의 모서리의 길이를 a라 하면 부피는 a^3이며 그것의 2배 부피는 $2a^3$이고, 한 모서리의 길이는 $\sqrt[3]{2a^3}=\sqrt[3]{2}a$이다. 결국 $\sqrt[3]{2}$을 작도해야 하는데, 이것을 도저히 작도할 수가 없었던 거지."

"플라톤도 할 수 없었던 거예요?"

"사실 내가 '자와 컴퍼스' 이외의 방법으로는 성공했지만, 문제의 조건을 바꾼 것이니 실패한 것과 다름없다."

"그럼 결국 아테네의 시민은 모두 죽게 되었나요?"

"그렇지 않다. 답을 기다리는 동안 인간도 지쳤지만, 신도 지쳤는지 결국 병은 가라앉았다."

"그게 뭐예요. 하지만 처음부터 풀 수 없는 문제를 주어 풀게 하다니. 신은 인간을 놀리는 게 재미있나 봐요?"

수학과 비극의 정신

"그렇게만 볼 건 아니다, 돈아야."

박사님이 말했다.

"그리스 시대에 신이 주는 난제들은 인간이 보다 높은 문명을 이룰 수 있도록 하기 위한 고마운 시련으로 보는 것이 옳다. 영국의 문명 비평가였던 토인비(A. Toynbee, 1889~1975)가 '역사는 도전과 응전에 의해 발전한다'라고 말했듯이 신이 준 문제는 인간에게는 도전이다. 그것을 풀기 위해 노력하는 동안 인간은 발전해올 수 있었다. 돈아, 너 셰익스피어의 『로미오와 줄리엣』을 읽어보았니?"

"알아요. 하지만 제 스타일은 아니에요. 전 비극보다 해피엔딩이 더 좋아요."

"비극의 조건은 일단 정해진 운명을 바꿀 수 없는 데에 있다. 바꿀 수 없는 운명이라는 건 기하학의 조건과도 같다. 일단 문제가 주어지면 풀 수 있는지 없는지를 개의치 않고 혼신의 힘을 다해 응전하는 것이 바로 수학자의 운명이다. 영국의 철학자이자 수학자인 화이트헤드(A. Whitehead, 1862~1947)는 수학과 비극의 정신이 같다고 말하기도 했지."

"인간은 운명을 모른 채 혼신의 힘을 다해 응전한다. 그리고 좌절하더라도 운명이라 여긴다."

나는 박사님의 말을 따라 중얼거렸다. 너무 멋진 말이었다.

"역사적으로 많은 수학자가 수많은 난제들에 도전했고 영영 풀리지 않을 것 같던 문제들을 풀어냈지. 물론 아직까지도 풀지 못한 문제들도 있지만. 세계 최초로 에베레스트 정상을 정복한 힐러리 경(E. Hillary, 1919~2008)은 '당신이 산에 오르는 이유는 무엇인가요?'라는 질문에 '산이 거기에 있기 때문에 오른다'고 한 것처럼 수학자 역시 문제가 있기에 응전했을 뿐이다. 답이 존재하든, 안하든 그건 운명이지. 돈아야, 너의 인생에도 여러 시련이 있을 것이다. 그땐 용기 있게 응전해라. 그것이 네 운명이니까."

약간 비장한 마음도 생긴다. 늘 그런 것처럼 내 마음에 어울리는 차이코프스키의 〈비창〉이 들린다.

피타고라스 정리

"기하학의 정리 가운데 가장 흥미로운 것은 무엇인가요?"
"피타고라스 정리다. 아름다운 디자인처럼 보이겠지만 거기에는 매우 현실적인 의미도 많이 숨어 있다."

"피라미드를 제작할 때 피타고라스의 정리가 이용된 거라고 들었어요."

"그렇다. 고대의 대문명에는 공통적으로 거대한 건축물이 있다. 고대제국은 잉여농산물이 비축된 시기에 등장했다. 권력자들은 그것을 이용해 사람들을 부리고 대공사를 벌였고, 스스로를 신격화하고 권위를 상징하는 대건축물을 지었다. 대건축물은 맨 먼저 기둥을 땅 위에 직각으로 세워야 한다."

"지금처럼 장비도 없었을 텐데 높은 건물을 어떻게 세웠나요?"

"직각삼각형의 성질을 이용했다."

"그게 사실인지 어떻게 알 수 있죠?"

"문명권마다 가로, 세로, 빗변의 길이가 각각 3, 4, 5이면 직각삼각형이고, $3^2+4^2=5^2$이 성립한다는 걸 알고 있었다. 그러나 변의 길이가 3, 4, 5인 경우뿐만 아니라 임의의 자연수 a, b, c에서 $a^2+b^2=c^2$이 성립한다면, 직각삼각형이라는 사실을 증명한 건 피타고라스다. 그림처럼 모눈종이 위에 직각삼각형을 그려서 모눈칸의 수를 세면 세 삼각형의 넓이의 관계를 쉽게 알 수 있다. 돈아야, 계산해 보렴."

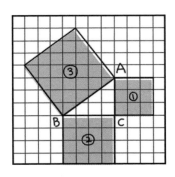

"정사각형 ①의 넓이는 9, 정사각형 ②의 넓이는 16이고, 정사각형 ③의 넓이는 25예요."

"그럼 세 삼각형의 관계는?"

"작은 두 삼각형의 넓이의 합과 가장 큰 삼각형의 넓이가 같네요. 증명이 생각보다 어렵지 않은데요."

"그래, 증명이라면 다들 겁부터 내는데 전혀 그럴 필요 없단다. 이번에는 또 다른 방법으로 증명해보자.

직각삼각형 ABC에서 두 변 $\overline{CA}$와 $\overline{CB}$를 연장하여 한 변의 길이가 $a+b$인 정사각형 $EFCD$를 그리고, 두 변 $\overline{DE}$와 $\overline{EF}$ 위에 $\overline{DG}=\overline{EH}=b$가 되도록 두 점 G, H를 각각 잡으면 사각형 $GHBA$는 한 변의 길이가 c인 정사각형이 된다. 정사각형 $EFCD$의 넓이는 정사각형 $GHBA$의 넓이와 4개의 직각삼각형 ABC의 넓이의 합과 같다."

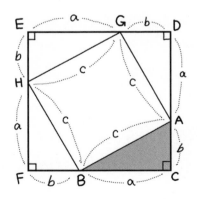

$$\square EFCD = \square GHBA + 4 \times \triangle ABC$$

$$(a+b)^2 = c^2 + 4 \times \tfrac{1}{2}ab$$

$$a^2 + 2ab + b^2 = c^2 + 2ab$$

$$\therefore a^2 + b^2 = c^2$$

"복잡하네요."

"네게는 복잡한 논리적 증명이 그리스인들에겐 더 의미가 있다."

플라톤과의 대화를 가만히 듣고 있던 박사님이 불쑥 끼어들며 말했다.

"현재 알려진 피타고라스 정리의 증명법만도 300개 정도나 된다. 그 정리는 수학의 교차로와도 같은 역할을 하고 있지. 수학이 오늘날처럼 발달하지 못하고 또 공학이라는 학문이 나올 수 없었을 테니까. 만약 그 정리가 없었다면 비행기, 원자력, 우주여행도 가능하지 못했을 것이다."

"이집트인도 알고 있지 않나요?"

"알고 있었지. 하지만 변의 길이가 3, 4, 5인 특별한 경우에 한해서였다. 중요한 건 일반적인 직각삼각형에 관한 증명이다. 그리스의 로고스 정신이 피타고라스로 하여금 증명하도록 한 것이다. 캐플러는 『우주의 신비』에서 피타고라스의 정리와 선분의 황금분할의 비를 역사상 가장 중요한 정리로 평가했다. 이집트에는 없는 그리스 기하학만의 특징은 철학적이고 엄밀한 논리체계와 증명에 있다."

"중국의 긴 만리장성도 이집트의 대건축물처럼 권력자의 상징인가요?"

"그건 좀 다르지. 중국에는 절대 권력자인 황제가 있었지만, 만리장성은 권력의 상징이 아닌 주변국의 침입을 막기 위한 방어벽이다. 한마디로 정치적인 목적이었다고 할 수 있지."

단지 수학 점수를 잘 받겠다고 시작한 철학 여행인데, 시대와 나라의 경계를 넘나드는 여행을 통해 각 나라마다의 역사에 대해 하나씩 알아가니 세계사에 대한 관심까지 조금씩 솟아났다.

그리스적인 기하학

"갑자기 이런 생각이 들었어요. 수학 문제에 있어서 우열을 가릴 수 있나요? 가령 그리스 수학이 더 뛰어나다든가, 이집트 수학이 더 우월하다든가. 이렇게 말이에요."

곰곰이 생각하던 플라톤이 대답했다.

"수학에 우열은 없다. 수학은 독자적이면서도 상호적인 거니까. 그리스 수학이 홀로 존재할 수 있는 것처럼 보이지만 이집트의 영향을 받으며 발전했다. 그리스 수학은 이집트 측량학을 도입해서 독자적인 것으로 재탄생시켰다. 히포크라테스의 정리를 두고 생각해보자. 그리스인들이 논리(logos, 理)를 중요시했던 건 알고 있지? 그들은 실용성보다는 철학적인 사고로 아름다움을 추구했다."

"의과대학 졸업식에서 히포크라테스 선서를 하던데, 유명한 의사 아닌가요?"

"이름이 같지만 다른 인물이다. 지금 이야기하는 히포크라테스는 키오스 섬에서 태어난 수학자다."

"아, 그렇군요."

"키오스의 히포크라테스가 연구한 문제를 밤하늘의 초승달을 닮았다고 해서 '히포크라테스의 초승달 문제'라고 부르기도 한다. 두 원의 호로 이루어진 초승달 모양의 평면도형을 '궁형(弓形, lune)'이라 부른다."

"궁형이요?"

....궁예?   궁형!!!

"고대수학자들은 가장 완벽한 평면도형으로 여겼던 원을 연구하면서 궁형에 대한 성질을 밝혀냈다. 히포크라테스는 '곡선으로만 둘러싸인 부분의 넓이는 직선으로 둘러싸인 도형의 넓이와 같다'는 명제를 증명했다. 우리 같이 한번 증명해 보자. 이것은 피타고라스의 정리가 기하학의 핵심이라는 사실을 보여주는 멋진 증명이다."

세 반원의 넓이를 P, Q, R 이라 하면

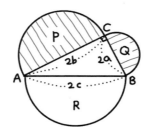

$$P + Q = \frac{a^2\pi}{2} + \frac{b^2\pi}{2} = \frac{a^2 + b^2}{2}\pi$$

$$= \frac{c^2}{2}\pi \quad (\because \text{피타고라스 정리 } a^2 + b^2 = c^2)$$

$$= R \text{ 이다}$$

여기서 빗변의 길이를 지름으로 하는 반원 R을 반대방향으로 삼각형과 겹치게 그린 뒤, 겹치는 부분을 뺀 나머지 넓이를 각각 S_1, S_2라 하자.

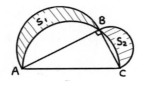

$S_1 + S_2$는 전체 넓이에서 반원 R의 넓이를 뺀 것과 같으므로 $(P + Q + \triangle ABC) - R = \triangle ABC$ 이다.

∴ 두 초승달 모양의 넓이의 합은 직각삼각형의 넓이와 같다.

"피타고라스 정리의 그림을 초승달로 바꾼 것 같네요."

"이 정리는 토지측량이나 토목공사와 같은 실용이 주목적인 이집트 수학에서는 나올 수 없다. 그러나 그리스인은 실용보다는 조화나 아름다움에 관심을 갖고 도형에 관해 연구했다."

철학, 수학, 과학

"그리스인의 논리적인 사고 덕분에 오늘날의 수학과 과학이 존재하는 거군요."

"그런 셈이지"

플라톤은 말했다.

"철학, 과학, 수학은 서로 영향을 주고받는데, 그 시초는 그리스다. 철학은 증명할 수 없는 것을 생각하면서 출발했고, 수학은 그리스의 3대 난문과 같이 증명의 가능성을 따지는 데서 나왔다."

"철학이 생각하는 '증명할 수 없는 것'에는 어떤 게 있나요?"

철학, 수학, 과학의 비교

	증명	무한	실험과 관측
철학	X	O	X
수학	O	O	X
과학	O	X	O

"가령 '시간은 언제부터 시작되었는가, 죽은 사람의 영혼은 어디로 가는가'와 같은 질문엔 증명이 없다. 그건 수학이나 과학이 아니라 철학의 대상이지. 수학은 증명을 통해 따질 수 있는 것을 대상으로 한다. 과학은 실험, 관측할 수 있는 것만을 대상으로 하기에 한계가 있다. 종교처럼 초월

적인 것이나 철학을 개입시키지 않고 자연의 언어만으로 그 자체를 생각한다. 수학이 수학 자체의 언어만으로 생각하는 점에서는 과학과 같지만 실험이나 관측이 아닌 이성으로만 생각한다는 차이가 있다. 또한 철학과 수학은 공통적으로 무한을 대상으로 하는 점에서 과학과 다르다."

"왜 과학엔 무한이 개입할 수 없나요?"

"그야, 무한은 실험, 관측을 할 수 없기 때문이지."

 ## 피타고라스-플라톤-케플러

그리스의 햇살은 너무나 뜨거웠다. 가만히 서 있을 뿐이었는데도 땀이 났다. 우리는 커다란 나무 아래로 걸어가 그늘에 앉았다.

"날씨가 무척이나 덥네요."

"그래. 아테네의 여름은 뜨겁다. 하지만 습기가 적어 그늘은 시원하지."

플라톤은 눈을 지그시 감고 숨을 크게 들이마셨다.

"주위를 둘러보렴."

박사님이 말했다.

"이 모든 유적지들이 3,000년 후에도 남아 있다. 현대를 살아가는 우리에게는 커다란 선물인 거지."

"왠지 감동적이에요."

이런 여행이 또 어디 있을까. 새삼 박사님이 고마웠다.

정다면체의 철학적 배경

기운을 차렸는지 플라톤이 말했다.

"기하학에 있어서 아름다움을 추구한 그리스인은 정다면체를 좋아했다. 정다면체는 다음 2개의 조건을 만족하는 입체도형을 의미한다."

1. 각 면이 합동인 정다각형이다.
2. 각 꼭짓점에 모이는 변의 개수는 일정하다.

정다면체는 정사면체, 정육면체, 정팔면체, 정십이면체,
정이십면체 오직 5가지 뿐이다.

정사면체

정육면체

정팔면체

정십이면체

정이십면체

종류	면의 모양	꼭짓점의 개수	모서리의 개수	면의 개수
정사면체	정삼각형	4	6	4
정육면체	정사각형	8	12	6
정팔면체	정삼각형	6	12	8
정십이면체	정오각형	20	30	12
정이십면체	정삼각형	30	30	20

"그 외의 정다면체는 정말 더 없나요?"

"유클리드가 입체각을 사용하여 정다면체가 5가지뿐임을 증명했다."
박사님이 덧붙였다.

"내가 쓴 『티마이오스』에 정다면체에 대해 설명되어 있다. 정다면체가 5개 뿐이라는 것과 정십이면체가 구에 내접한다는 사실은 피타고라스학파가 이미 증명했다. 나는 하늘의 행성, 정다면체 그리고 인간의 손가락 수가 공통적으로 5개라는 사실에서 5의 중요성을 감지했다.

나는 세계의 구성요소를 밀레토스학파에서 제기한 4원소, 불, 공기, 물, 흙에 별을 추가하여 총 5가지라고 밝혔다. 또 각각의 정다면체에 우주의 구성요소를 대응시켰다. '정사면체'는 크기가 가장 작고 형태가 날카롭고 가벼워 어디로든 잘 옮겨가는 '불'에, '정이십면체'는 크고 둔하며 무거워 '물'에 어울리지. '정팔면체'는 정삼각형으로 구성된 정사면체와 정이십면체의 중간에 있으니까 불과 물의 중간 성질을 가진 '공기'로 보았다. '정육면체'는 정사각형으로만 구성되어 안정감이 있어 '흙'에, '정십이면체'는 면의 모양이 피타고라스학파의 상징인 정오각형이어서 4가지 원소를 담는 그릇인 하늘의 별자리를 포함한 '우주'로 여겼다. 그래서 사람들이 정다면체를 '플라톤의 입체(Platonic bodies)'라고도 하지. 우주의 별, 지상의 원소, 그리고 인간의 손가락 수가 모두 5로 통한다. 5는 하늘, 땅, 인간을 꿰뚫는 영웅이다."

나는 말을 잃고 멍하니 그를 쳐다보았다. 플라톤은 지성의 영웅이 틀림없었다. 베토벤의 〈영웅〉 교향곡이 귓가에 들려오는 것 같았다.

피타고라스, 플라톤의 후계자

"잠깐만요, 박사님. 저기 제 손님이 오신 것 같네요. 잠시 자리 좀 비우겠습니다."

"그렇게 하게. 난 돈아와 이야기를 나누고 있을 테니."

"박사님, 플라톤은 정말 대단한 사람인 것 같아요."

나는 박사님께 말했다.

"플라톤의 사상, 특히 이데아설은 미신이 아니라 철학으로서 근대 초기까지도 서양과학자의 신념을 대표했다. 자연을 설명하는 것을 목적으로 삼은 과학은 아이러니컬하게도 인간적 욕심이 개입하면서 더욱 발전하게 되지. 흔해빠진 돌을 금으로 만들겠다는 연금술, 불로장생약을 만들어내고 싶다는 인간의 욕망이 과학 발전을 촉발시켰다. 특히 신비스러운 천문현상이 인간의 운명과 관련되었을 것이라 믿었고 태어난 날과 시간의 별자리에서 미래사건을 예언하려는 점성술은 일류급 과학자들을 유혹했다. '미신에서 과학으로'라는 말은 미신적인 생각이 과학의 시작이라는 뜻이며, 실제로 과학사는 인간의 현실적 욕심을 충족시키며 발전해 왔다."

"과학과 미신이라니. 정말 안 어울리는 조합이네요."

"현대 경제학의 거장 케인스(J. M. Keynes, 1883~1946)는 뉴턴을 마지막 연금술사로 부르기도 했다. 근대 과학혁명의 거장에게도 신비적인 요소가 젖어든 사실은 무척이나 상징적이지. 케플러는 가장 신비스러운 천체현상으로 여겨온 행성의 불규칙적인 궤도운동을 『행성의 3대 법칙』에서 기하학을 이용하여 설명한 위대한 천문학자였으며 한편으로는 피타고라스-플라톤의 생각을 그대로 이어받은 수 신비주의 점성술사이기도 했다. 한마디로 그는 충실한 피타고라스주의자라고 할 수 있지."

"수 신비주의가 뭐죠?"

"오늘날 과학의 정확성은 한결같이 수학이 보증한다. 현상에 대한 막연한 지식은 수학으로 대치됨으로써 과학세계의 시민권을 얻을 수 있다. 수학이 논리(이성)적이기 때문이다. 그러나 수학의 힘을 과신한 피타고라스는 수학에 도취하여 '만물은 수'라고 믿었다. 하지만 그것은 전혀 근거가 없는 것이다. 모든 것이 수학으로만 설명되는 게 아니라는 건 너도 알고 있을 거다. 수학을 과대평가함으로써 제대로 설명할 수 없는 부분을 설명하려다 그만 수를 신비화하는 실수를 범했다. 생년월일의 숫자로 운명이 정해진다고 믿는 것도 미신의 한 예라 할 수 있다. 이처럼 수에 신비적인 요소가 있다고 믿는 것을 수 신비주의라고 한다. 피타고라스는 위대한 수학자이면서 신비주의자, 미신가였기에 그에 대한 평가에는 늘 찬사와 비난이 함께 따른다."

"그렇다며 토정비결, 사주팔자는 미신이라는 말씀이세요?"

"그것들은 수 신비주의의 일종으로, 미신이다. 피타고라스는 고유의 철학을 바탕으로 천체를 완전하고 아름다움과 생명이 조화를 이루는 존재(COSMOS)라고 믿었다. 그러나 토정비결에는 우주관도 철학도 없고 확률적인 근거가 없다. 토정비결을 주역에 결부하는 것도 억지스럽다. 피타고라스에게 'cosmos'는 완벽한 구 모양을 갖고 있는 '조화와 질서를 지닌 우주'라는 철학이 있었다."

"왜 우주를 구라고 생각했을까요?"

"고대인들도 일식, 월식을 보면서 해와 달, 모든 천체들이 중심이 있는 구라고 상상했다. 또한 모든 천체가 기하학 도형 중 완전한 원운동을 하는 가장 조화로운 구조라고 생각했지. 우주 중심에 불이 있고 그 주위를 지구, 달, 태양 그리고 수성, 금성, 지구, 목성, 화성, 토성이 돌고 있다고 했다. 천체의 수는 9개인데 피타고라스학파는 질서가 있고 조화를 이루는 코스모스가 가장 완전한 수 10이 아니라는 사실을 못마땅하게 여겼다. 그래서 억지로 지구에선 절대로 볼 수 없는 또 하나의 특별한 천체 대지성(對地星)을 설정했다. 중심화(中心火)를 두고 동심원을 그리는 10개의 천체를 생각한 것이다."

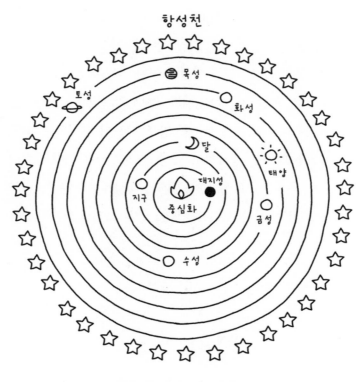

피타고라스의 우주관

"왜 꼭 10이었나요?"

"10은 자연수 1, 2, 3, 4를 차례대로 합한 수이고, 10진법의 단위수이기에 완벽하다. 우주도 완벽하기에 10개의 천체라야 된다고 생각한 것이다. 10이라는 숫자로 천체구조를 구상하다니, 얼마나 절묘한 아이디어냐! 물론 이건 현실에 생각을 맞추지 않고 생각에 현실을 맞춘 거라 다소 부자연스런 부분이 있다. 하지만 당시엔 과학 수준보다 철학이 앞섰기 때문에 그럴 수밖에 없었다."

"그러면 플라톤의 정다면체는 행성과 어떤 연관이 있나요?"

"좋은 질문이다. 케플러는 다면체와 5행성의 관계를 지존(至尊), 지고 (至高), 지선(至善)의 창조주가 우주를 창조하고 천체 위치를 정한 것으로 생각했지. 지구를 대지로 생각하고 태양(日)과 달(月) 그리고 수성(水), 금 성(金), 화성(火), 목성(木), 토성(土) 등 7개의 행성에서 이름을 가져와서 7개 의 요일을 묶어 일주일이라는 주기를 만들었다. 그러나 과학이 발달하면서

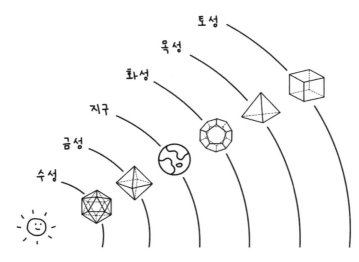

행성	토성	목성	화성	수성	금성
정다면체	정육면체	정사면체	정십이면체	정이십면체	정팔면체

철학적인 행성과 다면체, 손가락 개수 등과 연관시킨 구상이 현실적으로는 아무 관계가 없는 것으로 밝혀졌다. 결국 요즘은 피타고라스적 우주 구조론을 믿는 사람은 없어지게 된 거지. 그러나 고대의 낭만으로 남겨진 이 이야기가 아직도 인간의 호기심을 자극하는 건 사실이다."

"맞아요. 문학가들도 우주의 신비에 대해 정말 재미있어 해요."

"그것뿐만이 아니다. 지구의 궤도를 나타내는 구면을 생각하고, 이에 외접하는 토성(정육면체), 이것에 외접하는 구면을 다시 만들고, 이에 외접하는 목성(정사면체), … 이런 식으로 각 구 안에 접하는 정다면체의 행성을 만들었다."

"아직도 피타고라스주의를 믿는 사람이 있을까요?"

"물론 고대의 피타고라스주의자와는 다르지만 '만물은 수'라는 진리를 믿는 사람은 여전히 많다. 가령 요즘의 'big data' 이론은 세상은 어지럽고 혼돈스럽지만 통계를 잡으면 질서가 나타난다고 믿는 이론이다. 대부분의 통계학자는 무의식 중에 피타고라스 사상의 영향을 받고 있는 것이다. 오늘날 신비사상을 곧이곧대로 믿는 사람은 없겠지만, 수학의 힘을 지나치게 강조하는 사람은 여전하다. 17세기 뉴턴은 『프린키피아』라는 책에서…."

"프린키피아요?"

"프린키피아(Principia)는 라틴어이고 영어 'principal'의 어원이다. 뉴턴이 『프린키피아』에서 천체운동을 수학적으로 철저하게 설명해버림으로써 신비의 가리개는 사라졌다. 하지만 수학의 거대한 효능을 실감한 지식인들은 오히려 수학을 가지면 무엇이라도 할 수 있다는 새로운 결정론을 탄생시켰지."

"결정론이 뭐죠?"

"일반적으로 이야기하면, 미래는 이미 결정되어 있다는 믿음이다. 가령 '인간의 운명은 처음부터 정해져 있다'는 것도 결정론의 하나다. 뉴턴은 미적분으로 태양계의 운동에 관한 미래를 설명했다. 미적분에 심취했던 마르크스는 세상이 공산주의가 되어간다는 결정론을 펼쳤지."

"박사님은 어떻게 생각하세요?"

"뭘?"

"세상은 처음부터 결정되어 있어서 절대 바꿀 수 없다고 생각하세요?"

"그것은 또 하나의 미신이다. 인간은 시련에 맞서 자신의 길을 열어가는 것이다. 가능성이 1%라도 있다면 미래는 어떻게든 바꿀 수 있지."

"저도 수학을 잘할 수 있겠죠?"

박사님은 나를 물끄러미 내려다보며 말했다.

"물론이다. 너는 얼마든지 변할 수 있고, 누구보다도 더 수학을 잘하게 될 거다. 내가 약속하마."

박사님의 말 한마디가 나에게 큰 용기와 위안을 주었다. 내 마음속에서도 잘할 수 있을 거라는 자신감이 샘솟았다.

"박사님~."

플라톤이 박사님과 나를 향해 반갑게 손짓을 하며 다가왔다. 플라톤의 옆에는 낯선 남자가 함께 걸어오고 있었다.

"박사님, 저 사람은 누구죠?"

"저 사람이 누군지는 너도 알 거다."

나는 눈을 크게 뜨고 그 남자를 쳐다봤다.

"모르겠는데요."

"놀라움이 진보의 반이다!"

"네?"

"'놀라움이 철학의 시작이다'라는 유명한 말을 남긴 사람."

"아! 그렇다면 저 사람이 바로."

"그래, 바로 아리스토텔레스다."

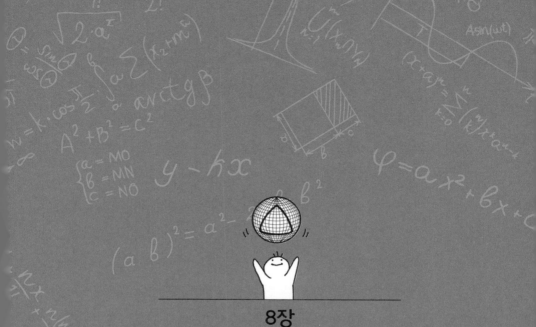

8장
수학은 논리를 통해 증명으로 이해하는 학문이야!
아리스토텔레스, 기하학의 논리를 말하다.

"안녕하세요, 박사님!"

나는 눈앞에서 박사님께 인사를 건네는 아리스토텔레스를 올려다보았다. 그동안 많은 철학자와 수학자를 만나봤지만, 아리스토텔레스는 왠지 더 친숙하게 느껴졌다. 아무래도 학교 수업시간에 많이 들어본 이름이기 때문인 것 같다.

"반갑네, 아리스토텔레스."

"플라톤에게 얘기 들었습니다. 철학과 수학 여행 중이시라고요. 정말 부럽습니다."

"인사하게. 내가 아끼는 제자 홍돈아라네."

"안녕하세요."

"그래, 반갑다."

"요즘은 어떤 철학 문제와 씨름하고 있나?"

"글쎄요. 철학사, 논리학, 박물학 등 이런저런 정리할 것이 많아 늘 시간이 부족합니다. 이데아가 흥미롭긴 합니다."

"이데아요?"

내가 묻자 세 사람이 동시에 나를 바라보았다.

"왜? 이데아에 대해 알고 있는 게 있니?"

"아뇨. 하지만 이제부터 알아 가면 되죠!"

나는 빙긋 웃으며 대답했다.

이데아에 대하여

이데아의 기하학

"이데아(Idea)라."

뭔가를 골똘히 생각하던 플라톤이 불쑥 옆에 있는 나무를 가리키며 말했다.

"돈아야, 넌 이 나무가 무엇으로 이루어졌다고 생각하냐?"

"나무요? 뿌리와 줄기와 잎, 꽃, 열매 그리고….""

"눈으로 볼 수 있는 건 그 정도로 되었고 또 눈에 보이지 않는 무언가가 있겠지?"

"속에 있는 수액이요?"

"그것도 볼 수 있지. 눈에 보이지 않으면서 나무를 나타내는 것이 바로 나무 이데아다."

"나무를 잘라도 볼 수 없는 게 있다는 걸 어떻게 확신해요?"

"눈에 보이는 것들은 언젠가는 모두 없어진다. 그러나 눈에 안 보이는 본질은 그대로 있다. 현실의 나무가 모두 없어져도 '나무'라는 단어를 들으면 머릿속에 나무를 떠올릴 수 있다. 그건 바로 눈에 보이지 않는 나무의 본질인 나무의 이데아가 있기에 가능한 거다. 평소 우리는 실제를 보지 않고도 나무, 새, 말 등 이 세상에 있는 것에 관하여 대화를 나눌 수 있다. 그래서 모든 존재하는 것들은 각각의 이데아를 갖고 있다는 의미로도 볼 수 있다."

"만약 두 아이가 똑같은 찰흙으로 서로 다른 공룡을 만들었다면 각자의 머릿속 공룡 이데아는 같지만 서로 다른 솜씨 때문이라는 건가요?"

"그렇지. 모든 것에는 하나의 이데아가 있을 뿐이다. 우리는 눈, 귀 등 감각을 통해 주변의 사물을 구별한다. 나는 그 배경에 저마다의 이데아가 있고 그 전체가 '이데아 세계'를 이룬다고 믿었다. 하나의 이데아에서 많은 나무가 만들어지는 것처럼 각 이데아마다 수많은 현상이 나타난다."

"그렇다면 저의 이데아도 따로 있는 건가요?"

"그동안 나는 개인의 이데아에 대해서는 언급하지는 않았지만 네 질문을 들으니 당연히 우리 각자의 이데아도 존재하겠다는 생각이 든다. 너의 이데아는 바로 너의 가능성을 구현할 너의 이상이다."

"그렇다면 피타고라스의 '만물은 수'라는 주장을 '모든 것의 이데아 세계는 수이다'라고도 바꿔 볼 수 있겠네요?"

"그래. 그는 이데아를 몰랐으나 그렇게 이해할 수 있겠지."

어쨌든 이데아는 하나!

"왜 현실과 이데아를 분리해서 생각하나요? 이데아와 현실을 분리해서 생각하면 세계를 복잡하게 하는 거 아닌가요?"

"아니다. 가령 화학시간에 물이라 하면 있지도 않는 H_2O를 생각한다. 물의 종류는 바닷물, 산 속 계곡물, 강물 등 저마다 다르지만 H_2O를 이데아로 삼고 생각한다면 단순해지겠지. 수학 이야기를 좀 해볼까."

갑자기 플라톤이 자를 들고 말없이 바닥에 삼각형을 그린다.

"삼각형 내각의 합은 180°인 건 알지?"

"이 삼각형의 내각의 합이 180°가 확실한가요? 수학선생님들은 말만 그렇게 하지 정확히 그리지는 못하더라고요."

"삼각형을 아무리 정확히 그리려 해도 실제로 내각의 합이 정확히 180°가 되기란 어렵다. 그렇지만 내가 그린 삼각형을 보는 사람은 머릿속에 삼각형의 이데아를 떠올리며 설명을 듣게 된다. 이때 삼각형을 그린 나와 그것을 보는 사람은 함께 이데아의 세계에 있는 삼각형을 생각하고 있다. 이처럼 기하학은 눈으로 보는 도형이 아닌 이데아의 도형을 갖고 생각하는 것이다."

"그러니까 '삼각형의 내각의 합이 180°이다'의 증명은 이데아의 삼각형을 대상으로 한다는 건가요?"

"그렇다. 결국 수학의 대상은 머릿속 이데아의 세계에 관한 논리다. 나는 도형뿐만 아니라 나무, 말, 책상 등 모든 것에는 이데아가 있고 이들이 한 덩어리가 되어 하늘 어딘가 '이데아의 세계에 있다'고 여겼다."

"하늘에 있는 이데아 세계 속 일을 우리가 어떻게 알 수 있어요?"

"걱정 마라. 현실세계의 삼각형은 눈으로 보고, 이데아 세계의 삼각형은 이성으로 볼 수 있으니. 다시 말해 눈으로 보는 현실세계에서 이성의 사다리를 타고 구름 위에 있는 이데아의 세계에 접근할 수 있다."

아주 오래전 그리스에서 만들어진 골동품 같은 수학을 배우는 기분이었다. 나는 박사님께 물었다.

"수학의 시작은 언제부터였나요?"

"그 시기를 정확하게 말할 수 있는 사람은 없다. 남아프리카의 동굴에서 발견된 7만 년 전의 돌조각에 기하학적 문양이 분명히 새겨져 있다. 또 수에 관해서는 3만 5,000년 전에 동물의 뼈에 새겨진 수의 표기가 발견되었다. 인간의 조상은 우리의 생각보다 훨씬 이전에 도형, 수의 중요성을 알고 있었다."

"중학교 때 배우는 증명의 시작도 그렇게 오래전 일인가요?"

"그것은 탈레스 이후다. 탈레스는 처음으로 도형에 관한 여러 사실을 논리로 증명하여 그 이전의 기술, 계산에 불과한 내용을 기하학의 차원으로 높였다. 탈레스의 업적은 피타고라스학파로 계승되었고 그 후 300년 동안 수학, 기하에 관한 연구결과가 유클리드의 『원론』에 정리되었다."

플라톤 아카데미아

"나는 철학이 최고의 학문이며, 기하학은 철학에 접근하기 위한 최상의 길, 다시 말해 기하학의 공부를 통해 철학적 사고를 훈련할 수 있다고 생각했다. 아카데미아의 입구에 걸어놓은 '기하학을 모르는 자, 이 문을 들어서지 마라'라는 글귀는 기하학의 빈틈없는 사고법만이 모든 학문을 가능케 한다는 의미다."

플라톤이 말했다.

"결국 예나 지금이나 수학을 공부해야 대학에 들어가는군요."

"그리스 시대에도 수학이 필수과목이었다. 극단적으로 말하면 '수학을 싫어하는 사람은 학교에 가지 마라!'라고 확대 해석할 수도 있다. 내 꿈은 정치가였다. 하지만 스승 소크라테스가 잘못된 재판으로 독배를 마시고 죽는 것을 보고 민주주의에 회의가 들었고, 그리스 최고의 철학자를 법의 이름으로 죽일 수 있는 모략, 선동 등의 비이성적인 정치에 환멸을 느꼈지. 그들에게 기하학을 제대로 이해하는 이성이 있었다면 그런 무지한 판결을 내리지 못했을 텐데. 그래서 나는 아테네 시민에게 '기하를 배워 이성을 다듬어라'라는 경고를 하고 싶었다."

"기하학으로 '생각하는 법'을 훈련한다는 것은 도대체 어떤 내용일까요? 저는 기하학이 머리를 좋게 한다고 느낀 적은 없어요."

"너는 시험에만 관심이 있고 실제 왜 그것을 배우는지를 생각하지 않았다. 그것은 다이아몬드 광산에서 돌멩이만 줍고 있는 격이다. 기하에서 배우는 것은 세 가지로 분류할 수 있다. 첫째, 논증의 방법, 둘째, 배운 지식을 분류하고 응용하는 것, 셋째, 역전의 발상이다."

"다이아몬드 광산이 너무 깊은가 봐요. 저에겐 하나도 보이지 않아요."

논증은 설득이다

박사님이 내 어깨에 손을 얹으며 설명했다.

"논증이란 남을 설득하는 기술이다. '인간은 생각하는 갈대'라는 말을 들어봤지? 철학자이자 수학자인 파스칼은 '갈대와도 같이 약한 인간이 생각하는 힘을 갖게 되어 지구상의 최고 위치에 자리할 수 있었다'고 했다. 남을 설득하려면 논리적으로 해야 하고, 논리적으로 말하려면 정의, 공리, 논증, 이 세 가지의 원칙을 지키며 해야 한다는 뜻이다."

"설득이 수학에서 나온 거라고요?"

"파스칼이 말하는 정의는 누구나 이해할 수 있는 말로 표현하고, 공리는 누구나 옳은 말로 받아들일 수 있는 원리이며, 논증은 조금이라도 애매한 명제를 모두 증명하는 것이다. 그의 말은 유클리드의 『원론』을 염두에 두고 인용한 것이다. 그래서 너희들도 지금 유클리드의 전통에 따라 정의, 가정, 결론의 의미를 확인하고 합동조건, 닮음조건 등을 이용해 주어진 가정에서 결론을 유도하는 증명을 훈련한다."

"제가 싫어하는 증명 훈련이 유클리드 때문이라고요? 제가 유클리드보다 먼저 태어났어야 했는데 억울하네요."

소크라테스의 철학

"훌륭한 철학자였던 소크라테스가 많은 대중들로부터 외면당한 이유는 뭔가요?"

나는 플라톤에게 물었다.

"그 이야기는 철학사상의 중요한 사건과 연관된다. 소크라테스보다 150여 년 전에 태어난 탈레스는 자연철학파의 시조였고 그의 제자들, 밀레토스학파의 주된 관심은 직접 눈에 보이는 자연이어서 사람들이 별 저항 없이 받아들일 수 있었다. 하지만 소크라테스는 인간에 관한 덕, 지혜 등의 주관이 개입되기 쉬운 문제에만 관심을 가졌다. 그는 아테네에서 내로라하는 학자, 지식인과 토론을 하는데 정의, 공리, 논증의 원칙을 지키면서 상대를 꼼짝 못하게 해버렸다. 그것이 일부 시민들로부터 외면당하게 된 이유지. 소크라테스가 자연보다는 인간에 대해 관심을 가졌다는 사실을 두고 '소크라테스가 철학을 자연에서 들고 와서 인간에게 건넸다'라고 하지. 탈레스가 자연세계에서 영원불멸의 원리(아르케)를 찾았다면, 소크라테스는 변함이 없는 인간의 본질을 찾은 것이다."

"왜 같은 철학자이면서 탈레스는 자연에, 소크라테스는 인간에만 관심을 두었을까요?"

"자신의 주변 환경에만 관심을 보이던 아이가 소년이 되면 인간에게로 관심을 돌리는 것과 같다. 철학 또한 성장하면서 처음에는 자연에 대해서 호기심을 갖고 사춘기가 되면 인간에 대한 관심이 커지지. 소크라테스 이전의 철학자는 '자연세계는 무엇으로 되어 있는가?'에, 소크라테스는 '인간은 무엇인가?'에 관심을 둔 것이다."

"소크라테스가 독배를 마신 죄목이 정확히 무엇인가요?"

"'아테네의 신을 우습게 여기고 새로운 우상을 섬기면서 젊은이를 타락시킨다'는 것이었다."

"소크라테스 하면 엉터리 철학자 소피스트와의 갈등이 먼저 떠올라요."

"소피스트는 철학자라 자처하면서도 진리보다 돈에 관심이 많았고 상대의 비위를 맞춰 말했다. 소크라테스는 누가 싫어하건 말건 인간과 사회에 대한 소신을 말했고, 반면에 소피스트는 일정한 규준 없이 뭐든 상대가 좋으면 좋다는 입장을 취했지. 소피스트의 대표격인 프로타고라스(Protagoras, BC 485~BC 414)는 '인간은 만물의 척도다'라고 했다. 그 말은 절대적인 진리는 존재하지 않으며, 인간이 진리, 거짓, 선, 악을 마음대로 정할 수 있다는 의미다."

"제 마음대로 학교 가고 싶으면 가고 가기 싫으면 안 가도 된다는 말인가요?"

"자신의 자유만을 위해 함부로 행동하면 세상이 어떻게 되겠니?"

"무법천지가 되겠죠."

"그렇다."

박사님이 진지한 얼굴로 말했다.

"정부의 필요성을 부정하고 개인의 자유를 최상의 가치로 내세우는 무정부주의자들처럼 되는 거지. 그런 의미에서 프로타고라스를 철학의 무정

부주의자라 칭했단다. 그리고 '지식을 갖는 사람'이라는 뜻의 소피스트가 돈을 벌기 위해 뭐든지 설명하려 한 건 지성의 타락을 의미한다. 소크라테스는 무엇이든 안다는 소피스트를 골탕 먹이려고 스스로 아무것도 모른다는 무지를 내세웠지."

"아무것도 모른다면서 소크라테스는 어떻게 논리를 펼쳤나요?"

"'나는 아무것도 모르니 뭐든 다 아는 당신이 말해보시오'라는 식으로 유도하여 상대의 주장에서 모순을 찾아냈다. 처음에 무지를 가정하고 모순을 찾아내는 귀류법과 비슷한 논리였지."

"소피스트가 당연히 소크라테스를 미워했겠군요."

플라톤이 대신 대답했다.

"그렇지. 이처럼 정치가도 정치적 이유 때문에 옳지 않은 것을 옳은 것으로 여기고 행동할 수 있기에 나는 이데아론의 입장에서 인간의 이상을 철학자로 생각했다."

"우아, 그런 소신을 갖고도 정치를 포기하시다니."

"현실 정치를 포기하는 대신 나는 이상적 정치의 뜻을 『국가론』에 모두 담았다. 통치자는 단순한 정치가가 아닌 기하학의 훈련을 받은 이데아적 덕을 갖춘 철학자이어야 한다고 생각했지."

그리스 철학의 황금기

"플라톤 아카데미아는 수많은 천재학자를 배출했고 아리스토텔레스는 그중 으뜸이었다. 그런데 아리스토텔레스가 플라톤의 뒤를 좇기만 한 건 아니었다. 결과적으로 소크라테스, 플라톤, 아리스토텔레스는 저마다 고유의 생각으로 그리스 철학의 학풍을 확립했다."

박사님의 말이 끝나자 아리스토텔레스가 말을 이었다.

"쉽게 말하면 플라톤이 현실에서 날아가 영원한 이데아 세계를 생각했다면 거꾸로 나는 플라톤의 이데아 세계에서 현실 세계로 돌아와 재료와 형상을 확실히 관찰했단다."

"더 어려운데요?"

"플라톤이 지상의 것을 하늘에 던져버렸는데 내가 다시 땅으로 가져온 셈이지. 예를 들면 동상의 재료(hyle)는 구리이며 형상(eidos)은 모양이다.

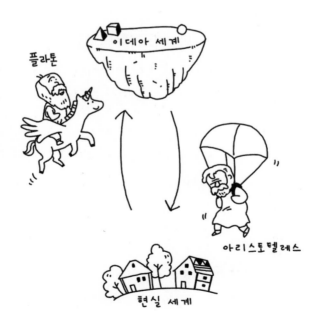

형상과 재료가 하나가 된 동상에 대해 플라톤처럼 따로 현실과 이데아로 나누어 생각할 필요가 없는 거지."

"라파엘의 그림 〈아테네 학당〉을 보면 플라톤은 손가락으로 하늘을 가리키고 아리스토텔레스는 땅을 가리키고 있지."

박사님이 말했다.

"플라톤은 현실세계를 이데아 세계와 분리시켰고, 나 아리스토텔레스는 '무엇으로 되어 있나?'와 '무엇인가?'를 분리하여 따로 설명했다. 우리 소크라테스학파는 한결같이 스승을 존경하고 그 학풍을 따르면서도 저마다 독자적인 학설을 창안해 아테네의 학풍을 더욱 빛나게 이어갔다."

"아리스토텔레스는 소크라테스로부터 어떤 영향을 받았나요?"

"소크라테스는 나뿐만 아니라 그 후의 철학자 모두에게 큰 영향을 주었다. 학술적 이론뿐만 아니라 철학적 사고법에도 말이다. 그는 아이가 쉽게 태어날 수 있도록 돕는 산파와도 같이 학생이 지닌 학문적 가능성을 실현하는 데 도움을 주었다고 스스로를 평가했다."

"어떤 내용인가요?"

"인간의 마음속 막연한 생각을 구체화시켜 개념을 정확하게 이해하고 분명하게 인식시켰다. 그것 없이는 어떤 교육도 있을 수 없기에 서구교육의 근본이 하나같이 논문이나 토론을 중요시하고, 자기 생각을 제대로 표현하는 것에 두게 되었다. 이것도 소크라테스의 영향이다."

"소크라테스가 수학에 준 영향은 없나요?"

"그는 단 한 권의 책도 쓰지 않았지만 그 제자들이 스승 소크라테스와의 대화를 책으로 남겼다. 그중에서 플라톤이 쓴 『소크라테스의 변명』은 청소년기에 꼭 읽도록 해라. 그 속엔 수학을 포함한 모든 진리에 대한 탐구방법이 들어 있다."

아리스토텔레스의 말을 들은 박사님이 마지막으로 덧붙였다.

"소크라테스, 플라톤, 아리스토텔레스의 시대를 그리스 철학의 황금시대라 불렀지. 이들에 의해 철학의 고전이 완성되었단다."

그리스의 학문

아리스토텔레스는 확실히 학자 중의 학자였다. 말 몇 마디를 나눴을 뿐인데, '이 사람 정말 아는 것도 많고 머리도 좋구나!'라는 느낌이 전해져 왔다. 아리스토텔레스를 보니 지혜는 타고나는 것이 아니라는 말이 거짓말처럼 여겨졌다.

"아리스토텔레스는 실제로 엄청난 지식을 지닌 인물이란다. 그는 이전 학자의 업적을 모두 정리하고 자기 생각을 덧붙여 고대 그리스의 영광스러운 성과를 후세에 전했다. 연구범위는 철학, 자연과학, 동물학, 정치학, 윤리학 등 당시의 모든 학문에 이르렀지. 17세기 과학혁명기까지 2,000년 동안 모든 학자들이 서재에 꽂힌 그의 책을 절대 진리로 신봉할 정도로 그의 영향력은 대단했단다. 우스갯소리로 '말의 이빨이 몇 개냐?'라고 누가 물으면 바로 옆에 말을 두고서도 그의 책을 인용해 대답하고 실제 말의 이빨의 개수가 책 내용과 다르면 그 말을 이상하게 여길 정도였지."

"과찬이십니다, 박사님."

논리학

아리스토텔레스가 다시 이야기를 시작했다.

"수학, 기하학에서 중요한 건 논리다. 특히 정의를 규정하기 위해서는 명확한 설명이 필수다. 가령, '삼각형은 3개의 선분으로 둘러싸인 평면도형이다'라는 식이지. 논리에서 가장 중요한 게 바로 삼단논법인데, 이는 대전제, 소전제, 결론으로 이루어진다. 예를 들어, '(대전제) 인간은 모두 죽는다. (소전제) 소크라테스는 인간이다. (결론) 따라서 소크라테스는 죽는다'가 있지. 삼단논법은 연역의 핵심이며, 기하학의 증명에도 많이 이용된다."

"논리, 연역, 이런 말을 들으면 일단 딱딱하다는 느낌부터 들어요. 좀 더 부드럽고 친근한 말이 없을까요?"

"이렇게 설명해볼까?"

박사님이 말을 꺼냈다.

"딱딱한 논리 형식 때문에 수학이 오해를 받지만, 수학, 시, 역사와의 관계를 살피면 생각이 바뀔 거다. 아리스토텔레스는 『시론(poetics)』에 '시가 일반적 진리를 문제 삼고 역사는 특수한 사건을 대상으로 한다'고 서술했다. 가령 한국이 일제로부터 해방된 역사적 사건에는 '한국, 일본'이라는 고유명사와 '1945년 8월 15일'이라는 날짜가 들어간다. 하지만 그것은 민족자결주의의 결과를 비추어주는 거울이기도 하다. 고유명사와 연대가 붙은 특수한 사건도 역사를 거울로써 교훈을 삼을 때는 일반화된다. 한편 시는 처음부터 간결하게 은유로 일반화되어 있다. 가령 '내 마음은 호수요'라는 시구는 호수와 같다는 은유로 엄청 고요하면서도 무엇이나 받아들일 수 있는 마음을 표현한 것이다. 수학은 현실 문제를 해결하기 위해 만들어졌으나 일반적인 형식으로 격상하여 생각했다. '1+1=2'는 개별적인 계산이지만 수많은 경우를 '$a+a=2a$'(a는 임의의 수)라는 하나의 식으로 일반화한다. 심지어 어떤 수학자는 수학을 은유로 생각하기도 한다. 가령 모든 덧셈을 '$a+b$'로 나타내면 은유가 될 수 있다."

"수학이 시라고요?"

"문자 a,b는 모든 경우를 표현하니 a는 남자, b는 여자, $a+b$는 부부라고도 생각할 수 있지."

"하지만 그걸 듣고 가슴이 두근거리지는 않아요."

"수학자는 중요한 자연, 사회 법칙을 식으로 표현할 때 이성이 발동하고 조화로움을 느끼게 된다. 언젠가 알게 될 거다."

증명

아리스토텔레스가 자못 진지하게 말했다.

"'삼각형의 내각의 합은 180°이다'의 증명을 해보자. 임의의 삼각형

ABC의 점 A를 지나면서 밑변 $\overline{BC}$에 평행한 선을 긋는다. 이때 '임의의 직선 밖의 임의의 점 A를 지나는 오직 하나의 평행선이 있다'라는 공리를 이용한다. 그리고 '평행선의 엇각의 크기는 같다'는 정리를 이용해서 삼각형의 내각의 합이 평각 180°와 같음을 유도한다."

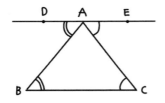

$\overline{DE}$와 $\overline{BC}$가 평행이므로

∠ABC = ∠DAB (∵ 엇각이므로)

∠ACB = ∠EAC (∵ 엇각이므로)

∠ABC + ∠BAC + ∠ACB = ∠DAB + ∠BAC + ∠EAC = ∠DAE = 180°

"어렵지 않은 걸요?"

"기하학의 평행선 공리와 같이 증명은 못하지만 탈레스의 '만물은 물이다'는 자연세계를 설명하기 위한 출발점이므로 자연세계의 제1원리로 여겼다."

"뭐라고요? 그건 말이 되지 않잖아요."

"하지만 인정하지 못하는 이유를 말하지 못한다면 그건 아무 소용이 없다. 도형에 관해 '겹치는 것은 같다'는 경우도 공리다. 공리(公理)는 '모두가 인정하는 명제(이치)'를 의미하지. 도형과 자연으로 대상은 다르지만 진리탐구의 출발점이 기본원리라는 점에서는 같은 맥락이다. 동치율을 알고 있니?"

"네. '만약 A가 B와 같고, B가 C와 같다면, A와 C는 같다'는 원리 아니가요?"

"그렇지. 덧붙이자면 동치율은 '같다' 대신 '닮았다', '겹친다'를 대입해도 성립한다."

"하지만 너무 뻔한 논리 같아요."

"학문은 누구라도 인정할 수 있는 뻔한 명제에서 출발하고 그것을 기준으로 해서 '같은가, 다른가'의 여부를 따진다. 결코 진부한 일만은 아니다. 시작은 단순하지만 전혀 상상 못한 결론이 유도될 수 있다. 결국 증명은 로고스라 할 수 있겠지."

"그렇다면 논리적이지 않은 건 증명이라 할 수 없겠네요?"

"물론이지. 수학에서는 점이나 선처럼 간단한 것도 일상생활에서 쓰이는 것과 달리 누구에게나 오해의 여지가 없도록 엄격한 논리형식을 따라야 해. 대수식을 풀 때는 '='을 계속 이어가고, 기하학은 '~은 ~와 같고, 또 그것은 ~와 같다'라는 형식이 계속되다가 마지막에 '고로 ~이다'로 끝난다. 일반적으로 '수학의 증명은 같다(=)의 연쇄'라고 할 수 있다."

"등호(=)가 꼬리에 꼬리를 무는, 등식의 연속이네요."

"그렇지. 특히 명제의 증명은 『원론』의 형식을 따라야 한다."

1. 명제 내용은 문장으로 나타낸다.
2. 구체적 보기를 제시하여 명제의 의미를 해석한다.

3. '~은 ~과 같다'의 연쇄로 결론을 유도한다.

4. 마지막에 증명의 끝을 뜻하는 그리스어의 머리글자 Q.E.D(quod erat demonstrandum, '증명 종료'를 의미함)를 적는다.

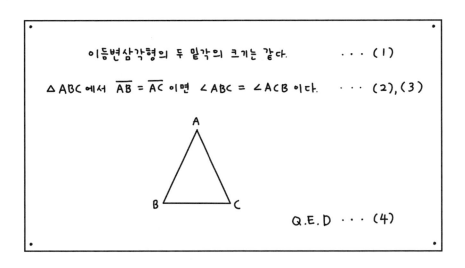

이등변삼각형의 두 밑각의 크기는 같다.　　…(1)

△ABC에서 $\overline{AB} = \overline{AC}$ 이면 ∠ABC = ∠ACB 이다.　…(2),(3)

Q.E.D …(4)

"요컨대 증명이란 한 명제에서 다음 명제가 모순 없이 논리적으로 이어 가고 마지막에 결론이 유도되도록 하는 거다."

"그 결과는 무엇인가요?"

"증명의 결과는 가령, 삼각형을 이등변삼각형, 직각삼각형, 정삼각형으로 분류하고, '삼각형에서 두 변의 길이가 같으면 두 밑각의 크기가 같다'와 같이 삼각형의 성질에 대해 알게 한다. 정보를 분류하여 정리하면 지식이 늘고 체계가 이루어진다."

"지식이 많아진 것 이외에 다른 효과는 없나요?"

"기하학은 하나의 문제를 다양한 각도에서 보며 핵심에 집중하는 눈이 필요하고 그 사고과정을 논리적으로 설명한다. 그러한 과정을 통해 겉보기와 전혀 다른 의미가 보이고 다른 사람이 생각지 못한 아이디어가 나올수 있다. 어린아이와 같이 자유로운 사고를 통해 역전의 발상으로도 이어진다."

지적 용기

"이쯤에서 그리스 정신, 지적 용기에 대해 생각해봐야겠구나."
박사님이 말했다.

"지적 용기요? 지혜로 누구와 싸울 수 있나요?"

"지적 용기라는 건 앞일을 생각하는 일이며 철학자가 가져야 할 가장 기본적인 마음가짐이다. 18세기 대철학자 헤겔(Hegel, 1770~1831)은 역사를 발전시키는 원동력이 신이나 운명이 아닌 '세계정신'이라고 했다."

"세계정신은 또 뭔가요?"

"원시 이래 문명은 많이 발달했다. 독재에서 민주화로 바뀐 것도 문명때문이며 이성의 힘이 커가면서 이루어진 일이다. 요컨대 이성의 힘으로좋은 세상을 열어야 한다고 믿는 것이 세계정신이다. 세상엔 여러 종류의사람이 있지만 결국엔 세계정신을 가진 사람이 역사를 이끌어간다."

"그 지적 용기라는 건 어떻게 가질 수 있나요?"

"소크라테스가 '악법도 법이다'라며 죽음을 무릅쓴 것도 바로 지적 용기에 의한 행동이다. 아무리 자기에게 불리해도 옳은 이치를 끝까지 추구하는 것이지."

"철학적으로 생각하고 그 신념에 충실한 것을 왜 지적 용기라고 하나요?"

"인간은 유한한 존재이지만 생각의 범위는 무한히 넓혀갈 수 있다. 그런데 세계정신은 철학자의 지적 용기를 통해서만 나타난다. 그래서 역사가 발전하고 문명의 꽃이 핀다."

"모두가 끝까지 생각하고 그 생각한 바를 행동으로 옮긴다면 세상이 좋아지겠군요."

그리스 철학과 과학

"인간이나 종교 등에 관해서는 일절 관심 없이 자연현상만을 생각했던 밀레토스의 자연철학파는 기본요소를 물, 공기, 불 등에서 시작했다. 이 사고법은 오늘날 과학자에게 그대로 계승되어 결국은 분자, 원자, 원자핵, 소립자, 쿼크 등으로 점점 작아졌으나 물질적 요소만으로 현상을 설명하는 점에서는 같다."

"결국 존재의 원리가 무엇인가에 대한 사유에서 철학이 시작되었고 그것이 당시의 세계정신이었다는 얘기네요?"

"밀레토스학파는 물질엔 생명이 있다고 생각했다. 수도꼭지를 틀면 나오는 물은 기계적으로 쏟아지지만, 산골짜기에 흐르는 물은 생명력을 느끼게 할 만큼 활기차게 흐른다. 가스레인지의 불은 일정한 세기로 타지만 화산 분화구에서 솟아오르는 불은 역동적이고 새로움을 만들어가며 타오른다. 그들은 기계적으로 통제되지 않은 자연의 물, 불을 보고 새로움을 탄생시키는 생명력을 감지한 것이다. 이러한 사고 또한 현대에까지 이어지지. 실제로 '물이 생명의 씨앗이다'라는 생각은 오늘날의 우주과학자들도 갖고 있다."

"밀레토스의 세계정신이 지금에도 살아 있는 셈이네요."

"헤겔은 세계정신을 보다 높은 차원에서 문명을 발전시키는 인류의 지성으로 생각했다."

"인류의 지성은 다른 건가요?"

"히틀러의 유태인 학살, IS의 테러 같은 야만과 대조되는 문명을 발전시키는 지성을 말한다. 그런데 헤겔은 좀 낙관적으로 모든 분야에 대해 설명했지만 과학에만 국한될 때는 지성이 세계를 발전시킨 건 분명한 사실인 것 같다. '과학이란 무엇인가?'라는 물음에 저명한 과학철학자 바넷(J. Burnet, 1863~1928)은 '그것은 그리스인처럼 생각하는 것이다'라고 적절하게 설명했다."

"하지만 그리스에 처음부터 과학이 있었던 건 아니잖아요?"

"아리스토텔레스는 탈레스를 철학의 아버지라고 했지만 사실은 과학의 아버지뿐만 아니라, 증명을 시작한 점에서는 수학의 아버지이기도 하다. 탈레스는 세계정신을 구현했다. 대자연에 압도당한 고대인은 신에게 빌기만 했지만 그는 눈을 크게 뜨고 대자연이 존재하는 이유를 이성으로 해석하려는 지적 용기를 가졌던 것이다. 지금의 인류가 원시상태에서 오늘날과 같은 문명인이 될 수 있었던 건 탈레스처럼 지적 용기를 가진 지성의 영웅, 철학자들이 있었기 때문이다."

"현대과학까지도 그리스 철학과 같다니, 탈레스를 철학의 아버지라 하는 이유를 알 것 같아요. 지적 용기를 가지려면 자신감도 강해야 할 것 같아요."

"그래. 그리고 하나 더. 끝없는 호기심도 필요하다."

나는 박사님의 말을 듣고 지적 용기에 관해서 한동안 생각에 잠겼다. 확실히 내게는 끈기도 없었고, 호기심도 없었다. 공부는 그냥 해야 하는 것일 뿐이었고, 부모님, 선생님 혹은 누군가가 하라고 해서 했던 것이다. 풀리지 않는 문제가 있으면 답안지를 보거나 선생님들을 찾았다. 모르는 문제를 끝까지 끙끙거리며 풀어낸 기억이 없다. 스스로에게 그 이유를 물어본 적도 없었다. 그냥 가르쳐주는 대로 공식을 외우고 답도 외웠다. 그래서 결과는? 배우고도 머릿속에 남아 있는 것이 아무것도 없었다. 그래서 똑같은 유형의 문제가 나와도 숫자가 다르거나 조금만 조건이 다르면 어김없이 또 틀리곤 했다. 톱밥에 톱질만 한 거다. 그게 다 문제의 뿌리를 파는 철학적 사고가 없기 때문이었다.

"우리는 이제 돌아가겠네."

박사님이 말했다.

아리스토텔레스와 플라톤의 얼굴에 서운한 기색이 서렸다.

"왜 벌써 가려고 하세요? 아직 할 이야기가 많은데."

"맞습니다. 밤새 이야기를 해도 모자란데 벌써 가시다니요."

"허어, 이 사람들. 오늘만 날인가. 또 보게 될 걸세. 가자, 돈아야. 인사하렴."

"감사했습니다. 안녕히 계세요."

"박사님은 항상 이렇게 뜬구름처럼 사라지시네요."

"잘 있게."

"네! 안녕히 가세요 박사님. 돈아도!"

우리는 그들과 헤어져 한적한 길로 접어들었다.

"박사님, 저렇게 섭섭해 하는데 더 이야기를 하시지 않고…."

"아쉬움은 많지만 너의 길은 아직도 멀다."

"네? 그게 무슨 말씀이세요?"

내가 물었지만 박사님은 아무 말이 없었다.

"혹시 지루하셨던 거예요?"

"당연히 아니지. 하지만 우리에게는 시간이 많지 않아. 갈 길은 아직도 멀다."

"시간이 많지 않다니요?"

"일단은 돌아가자꾸나. 매소피아!"

"네!"

"집으로 가자."

"네, 박사님!"

차이코프스키의 〈피아노 협주곡 제1번〉이 힘차게 흘러나왔다.

기하학과 철학

박사님은 잠에 빠진 것처럼 거실에 놓인 소파에 한동안 누워 있었다. 혹시 어디가 아프신 게 아닐까 하고 걱정이 되었지만, 난 그저 옆에서 조용히 앉아 있었다. 얼마나 시간이 지났을까. 박사님이 천천히 몸을 일으켜 자리에서 일어났다.

"박사님, 괜찮으세요?"

"응? 괜찮다. 그냥 조금 피곤했을 뿐이다. 이럴 땐 낮잠이 최고지!"

"저는 걱정이 돼서."

"어린 너와 나이 든 내가 체력이 같겠니?"

"달리긴 저보다 잘하시잖아요?"

"너도 나중에 알게 될 거다. 나이를 먹으면 지구력이 떨어져."

"그러면 오늘은 계속 쉬실래요?"

"그럴 수야 없지. 우리에겐 아직 중요한 인물이 남아 있거든."

"중요한 인물이라뇨?"

"소크라테스에서 플라톤, 플라톤에서 아리스토텔레스 그리고 아리스토텔레스에서 바로 이 인물로 그리스 철학의 계보가 이어진단다."

"그 사람이 누군데요?"

"바로, 유클리드(Euclid, BC 330?~BC 275?)다."

"유클리드요?"

유클리드의 정신

"인류 역사상 최고의 베스트셀러를 꼽으라면 『성경』과 유클리드가 그리스 수학을 집대성한 『원론』이라고 할 만큼 유클리드의 사상은 서구사상에 지대한 영향을 끼쳐 왔다."

"그동안 『원론』의 이야기는 여러 번 들어서 친숙하네요."

"마케도니아의 왕자가 기하학을 쉽게 배울 방법을 묻자 '기하학엔 왕도가 없다'고 야단을 친 인물이 바로 유클리드다."

"『원론』을 공부해야 된다고 말하고 싶으신 거죠? 『원론』의 핵심 내용은 뭔가요?"

"『원론』의 출발은 점은 크기가 없이 위치만 갖고, 선은 폭 없이 두 점을 연결한다는 것이다."

"그건 플라톤의 이데아의 세계 이야기잖아요."

"그래, 네 말이 맞단다. 유클리드는 플라톤보다 150여년 뒤에 태어났다. 그는 플라톤이 하늘에 있다고 믿은 이데아 세계의 점과 선의 개념을 가져와 기하학을 체계화했다. 그렇기에 『원론』은 도형에 관한 이데아론이라 할 수 있다. 유클리드의 『원론』에서 중요한 역할을 한 또 한 명이 바로 플라톤의 제자, 아리스토텔레스다. 그는 이전의 논리학을 정리하고 삼단논법을 중심으로 고전논리학을 완성했지. 논증이란 '논리적 증명'이며 몇 개의 전제 조건을 갖고 추론해서 결론을 얻는 것이지. 가령 '삼각형에서 두 변의 길이의 합이 한 변의 길이보다 길다'를 증명해보렴."

"증명할 필요가 있나요? 이렇게 그려서 설명하면 되는 것 아니에요?"

나는 손가락으로 삼각형을 그렸다.

"그래, 너처럼 많은 사람들이 감각적으로 알 수 있는 것은 그냥 넘어가지만 수학자들은 모든 대상을 논리를 통해 증명으로 이해한다. 결국 유클리드 기하학은 도형을 통해 사고훈련을 하는 학문이라고 할 수 있다."

"논리로 이해하기 위해 가장 중요한 건 뭘까요?"

"언어는 상호이해가 제일 중요하다. 특히 철학, 수학과 같은 엄밀한 학문에서는 낱말의 의미, 언어의 규칙이 분명해야 하고 누구에게나 이해되어야 한다."

"그래서 유클리드의 『원론』을 읽고 논리, 논리를 외치는군요."

"현대인들에게 없어서는 안 되는 컴퓨터, 자동차와 비행기 등 모든 과학적 산물은 직·간접적으로 『원론』에 담겨 있는 사고법의 영향을 받았다. 기하학은 도형에 관한 학문이지만 그보다도 세련된 논증적 사고의 훈련을 할 수 있도록 하는 데 보다 중요한 의미가 있다."

이데아에서의 점과 선

"자, 이제 크기가 없는 점에 대해 생각해보자."

"점은 크기가 없다지만 얼굴에 난 까만 점도, 맨홀뚜껑도 점이라고 할 수 있지 않나요?"

"천문학자는 별을 점으로 간주하고, 비행기조종사는 큰 도시를 점으로 생각하며 비행한다. 측량사에게는 측량막대의 끝이 점이고, 학생에게는 연필의 끝이 점이다. 만약 이들이 '점'에 대해 토론을 벌인다면 같은 단어를 서로 다르게 이해하고 있으니 동문서답이 되어 토론 자체가 성립되지 않을 것이다. 때문에 단어에는 모든 사람이 공통적으로 납득할 수 있는 유일한 의미가 정해져야 한다. 그것이 수학에서의 약속, 곧 정의다. 현실의 국경선의 폭은 몇 십, 몇 백 미터일 수 있지만 머릿속에는 폭이 없다. 마찬가지로 현실에서는 각자의 입장에 따라 점에 대한 서로 다른 이미지를 떠올리겠지만 수학에서는 점을 '위치'를 나타내는 것으로 약속한다. '점은 크기(부분)가 없고 마찬가지로 선도 길이만 있고 폭이 없다'면 모두가 만족할 수 있지. 이처럼 '부분이 없는 점, 폭이 없는 선'이 바로 기하학에서 사용되

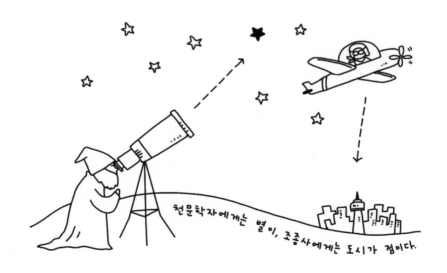

천문학자에게는 별이, 조종사에게는 도시가 점이다.

는 이데아적인 정의다.”

“모두가 그런 점과 선을 납득한다고요?”

“노트에는 크기와 폭이 있는 점, 선을 그리면서도 머릿속에는 이데아적인 정의를 공통적으로 받아들인다는 거지.”

비유클리드 기하학의 등장

“그리스인이 논리를 특히 중요하게 여겼던 이유가 있었나요?”

“처음부터 논리를 중요하게 여긴 건 아니다. 그리스는 민주주의를 신봉하고 언론의 자유가 보장된 사회여서 웅변, 토론이 활성화되었지. 그러한 분위기에서 논리는 자연스럽게 뒤따라올 수밖에 없었다. 토론을 위해서는 공통의 약속(정의)과 규칙(공리, 공준)이 필수다. 운동경기도 일정한 규칙을 지켜야 하듯이 토론자는 하나의 명제를 갖고 서로가 자기 생각을 말하는데, 이때 사용하는 단어의 뜻은 모두에게 같은 의미로 이해할 수 있는 정의와 공리, 공준도 정해져야 한다. 명제(주장)는 반드시 규칙에 따라 논리적으로 증명되어야 한다.”

“수학 또한 논리가 뒷받침되어야 하니까 토론이라 할 수 있겠네요.”

“맞다. 기하학은 도형에 관한 토론이라 할 수 있지. 도형에 관해서는 다음 5개의 공준이 필요하다.”

“공준이요?”

1. 임의의 서로 다른 두 점은 직선으로 연결할 수 있다.
2. 직선은 무한히 연장할 수 있다.
3. 임의의 한 점을 중심으로 일정한 길이를 반지름으로 하는 원을 그릴 수 있다.
4. 모든 직각은 같다.
5. 임의의 직선 밖의 한 점을 지나는 평행선은 꼭 하나만 그릴 수 있다.

"이들 공준은 눈금이 없는 자와 컴퍼스를 이용해서 그릴 수 있는 것이다."

"또 자와 컴퍼스만을 이용하는 건가요?"

"이제 척하면 척이구나. 그 이유는 이들 5개의 공준을 그것 없이도 그릴 수 있다는 뜻이기도 하다."

"뻔한 얘기 아닌가요?"

"그렇지만 역으로 생각하면 '명백한 것에서 출발한다'는 분명한 의지가 담겨 있다. 이들 정의, 공리, 공준에 따라 도형에 관한 성질을 연구하는 것이 유클리드 『원론』의 출발점이다."

"만약 공리 가운데 하나만이라도 바꾸면 어떻게 되나요? 다른 기하학이라도 성립된다는 말씀인가요?"

"대단한 발상이구나. 실제로 평행선에 관한 공준(제5공준)을 바꾸어서 새로운 기하학, '비유클리드 기하학'이 생겼다."

"정말 유클리드가 아닌 다른 기하학도 있다고요?"

"놀랄 거 없다. 알고 나면 그렇게 어렵지 않으니까. 유클리드는 기하학에 관해 자기가 증명한 것과 선배들이 앞서 밝혀 놓은 지식을 모두 하나로 체계화했다. '구슬이 서 말이라도 꿰어야 보배'라는 속담이 있지. 요컨대 그는 기하학을 인류의 보배로 만들었다. 완벽한 개념의 기반에서 출발하여 빈틈이 없이 쌓아올린 논리의 금자탑이었지. 그중 유클리드의 제5공준 (평행선 공준)은 현실적이며 누구든 납득할 수 있었다."

"누구나 말이죠?"

"그것이 진리인 것처럼 보이지? 19세기 이전의 수학자뿐만 아니라 대철학자 칸트마저도 그것이 절대 진리라고 믿었다. 다른 공준에 비해 문장이 길고 부자연스럽게 보이는 제5공준을 정리로 여겨 많은 수학자들이 증명을 시도했으나 아무리 해도 불가능했다. 하지만 누군가 그것을 부정하며 '직선 밖의 한 점을 지나는 직선은 무한히 있다 또는 하나도 없다'는 가정을 정했고, 이로써 전혀 새로운 기하학이 등장했지. 바로 비유클리드 기하학이다."

"네? 어떻게 그게 가능하죠? 잘 이해가 안 돼요."

"비유클리드 기하학이 처음 등장했을 때 너처럼 많은 이들이 혼란스러워했다."

"다행이네요. 저만 그런 게 아니어서."

"비유클리드 기하학이 등장하면서 평면에서의 삼각형의 내각의 합에 대한 사실들이 논리적으로 성립되었다. 뿐만 아니라 문명의 발달로 인해 이전에는 논리적으로만 성립했던 비유클리드 기하학의 현실성이 확인되고 있다. 아인슈타인의 '상대성 원리'는 빛이 별 근방을 통과할 때는 휘어

기하학	유클리드	비유클리드	
공간	평면 위	구면 위	말안장 모양의 곡면 위
삼각형			
삼각형 내각의 합	180° 이다	180°보다 크다	180°보다 작다

짐을 입증했다. 이 사실은 '삼각형의 내각의 합은 180°보다 작다'는 경우와 딱 맞아떨어진다.

처음엔 아무도 실감하지 못해 믿지 않았으나 비행기 여행이 일상화되면서 실제로 서울, 하노이, 알래스카 세 도시를 선으로 이어 만든 지구상의 거대한 삼각형은 내각의 합이 180°보다 크다는 사실을 인식하게 되어 구면 위 삼각형도 현실적인 삼각형으로 받아들여진다. 수학자는 논리적으로 성립하는 것이라면 미래의 어느 시기엔 현실에 존재할 수도 있다는 걸 우리에게 일깨워줬지. 현대수학은 유클리드와 비유클리드 기하학의 가치를 똑같은 것으로 본다."

『원론』

"인공위성을 우주로 쏘아올리고 원자핵 속의 양자운동을 설명하는 데에도 기하학이 필요하다. 현대과학의 시작, 달에 가기 위한 사다리의 첫 계단은 자칫 시시하게 여겨질 수 있는 『원론』에 있었던 거지."

"유클리드의 기하학은 논리를 가장 중요하게 여긴 거죠?"

"수학에 비논리적인 것은 없지만 유클리드는 아리스토텔레스의 논리학을 그대로 이용했다. 처음 탈레스는 '같다'는 곧 겹친 것이라 생각하고 증명했다. 하지만 이것만으로는 부족했지."

"『원론』은 학문 세계에 어떤 영향을 주었나요?"

"『원론』에는 탈레스의 증명정신, 플라톤의 이데아설, 아리스토텔레스의 논리학이 융합되어 있다. 말하자면 고대 그리스 철학이 총망라되어 학문의 틀을 정한 것이다. 유클리드 기하학은 탈레스가 증명한 간단한 5가지 정리에서 출발하여 많은 정리가 포함되어 있다. 점차 완전한 세계로 나아간 거다."

"완전한 세계요?"

"『원론』에서 사용된 이론체계의 형식은 학문에 큰 영향을 끼쳤다. 뉴턴은 만유인력의 법칙을 담은 『프린키피아』를 저술했고, 스피노자는 『에티카(윤리학)』를 저술해 '신은 어디에나 있다'는 자신의 철학을 드러냈지. 다윈 또한 적자생존, 자연도태의 개념을 담은 『종의 기원』을 썼다. 심지어 비유클리드 기하까지도 그 영향을 따라야 했다. 천체역학, 철학, 진화론은 학문적 분야는 달랐지만, 이전의 학설을 뒤집고 새로운 개념으로 하나의 혁명적 이론을 구축한 지적 거인이라는 공통점을 지니고 있다. 그들은 자기 학설에 자신만만했으나 문제는 제3자를 설득하는 방법이었다. 남을 설득하기 위한 유일한 방법이 바로 『원론』의 형식이었다."

"이젠 확실히 알겠어요. 기하학이 단순한 도형 공부가 아니라는 걸요."

"인류에겐 아직까지도 그 이상의 이론체계는 없다. 현재의 최신수학 대부분의 형식도 마찬가지다. 2,300년 동안 『원론』이 글자 하나 바뀌지 않고 그대로 사용되었던 이유는 이성, 논리만으로 유클리드 이전의 철학자들이 사용한 단어, 연역법을 다듬어 한 치의 빈틈도 없게 했기 때문이다. 결국 그리스 문명의 상징은 『원론』이고 그 중심은 로고스이자 철학이다."

"정말 철학은 대단한 거네요."

"그래. 엄청나지."

로고스와 서구문명

"로고스(logos)는 논리, 이성 등 정말 다양한 의미로 쓰이는 것 같아요."

"로고스는 그리스어뿐만 아니라 히브리어에서도 중요한 의미를 갖는다. 『신약성경』의 〈요한복음〉은 '태초에 로고스가 있었다'라는 글로 시작한다. 이 로고스는 말씀으로 번역되어 있지. 그리고 중국 도교의 시조인 노자(老子)는 '태초에 도가 있었다'라고 말했는데, 이 '도(道)' 또한 로고스가 될 수 있다. 독일의 대문호 괴테(Goethe, 1749~1832)를 알고 있니?"

"네. 『젊은 베르테르의 슬픔』을 쓴 작가죠."

"괴테의 최고 작품을 꼽으라면 대부분 『파우스트』를 지목할 거다. 이 작품에서 주인공 파우스트는 로고스를 말씀, 마음, 힘, 업적, 행위로도 말하고 있다."

"마음 내키는 대로 이해하면 되는 건가요?"

"그렇지는 않다. 다만 그만큼 인류 문명사에 '로고스'가 깊이 연관되어 있다는 걸 알아야 한다는 거다. 르네상스에 대해서는 알고 있니?"

"네, 조금은요."

"르네상스 이전 중세는 종교 중심 사회였다. 그것에서 벗어나 인간의 이성, 로고스에 대한 믿음이 부활하면서 종교혁명이 일어났고 과학혁명으로 이어졌다. 우리말로는 문예부흥으로 번역되지만, 르네상스는 한마디로 중세 서유럽의 기독교 중심 사회에서 그리스의 고전, 문예 중심으로 돌아가자는 문화운동이었다. 결국 그리스의 인간 중심주의에 대한 동경이 거대한 문화기를 형성하게 한 거지. 그 기반은 그리스의 로고스 정신이며 논리, 합리성의 존중이다."

"가장 그리스적인 것, 그건 분명 로고스겠네요."

"그렇다."

얼마나 시간이 지났을까. 문득 창가를 보니 밖은 벌써 어둑해져 있었다. 박사님과 이야기를 나누다 보니 시간 가는 줄도 몰랐다. 하지만 신기하게도 피곤하지도 않았고 배도 고프지 않았다. 내 안에서 전에는 경험해보지 못했던 감정들이 생겨났다. 더 많은 철학자들을 만나고, 더 많은 수학자들을 만나 얘기하고 모르는 것들을 알아가고 싶었다.

"박사님, 신기해요!"

"뭐가?"

"저 말이에요, 더 많은 걸 알고 싶어요. 궁금한 게 많아요."

"공부를 하고 싶다는 거니?"

"네! 그런데 예전에 학교에서, 학원에서 하던 공부와는 다른 것 같아요. 시켜서 하는 게 아니라 이건 그냥 정말 제가 하고 싶은 거예요."

"돈아야!"

"네?"

"드디어 지혜를 사랑한다(phileo sophia)는 철학의 길에 들어섰구나."

"네?"

"궁금한 걸 배우려 하는 게 공부다. 그것은 엄청나게 즐거운 거란다."

가슴이 쿵쾅쿵쾅 뛰었다.

"자, 그럼, 계속 공부해볼까?"

박사님이 말했다.

"네에!"

나는 온 집안에 울려 퍼지도록 큰 소리로 대답했다. 들려오는 바그너의 〈파우스트〉가 지적 욕망을 부르는 것 같았다.

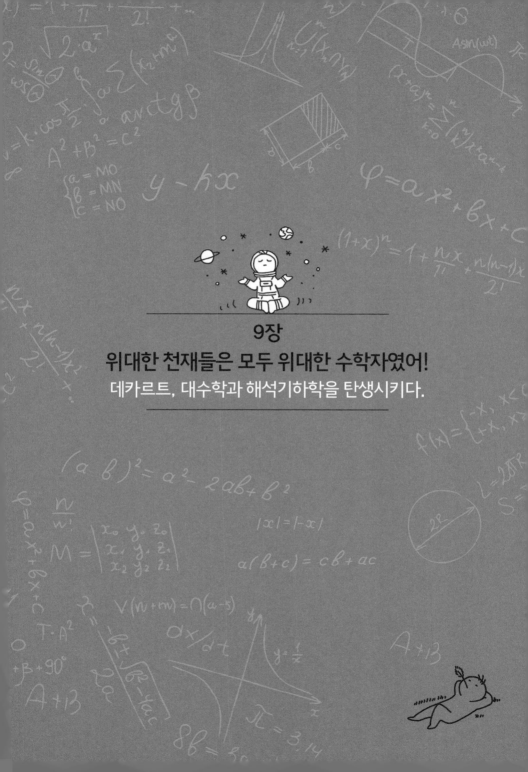

9장
위대한 천재들은 모두 위대한 수학자였어!
데카르트, 대수학과 해석기하학을 탄생시키다.

또 하루가 밝았다. 나는 밖으로 나와 산책을 하기로 했다. 이젠 완연한 여름이라 새벽에도 날이 환했다. 박사님의 연구실 뒤쪽으로는 울창하게 자란 소나무 숲이 있었다. 처음 온 날 동굴처럼 무섭기만 했던 숲길인데, 지금 나는 눈을 감고 향긋한 소나무 향이 실린 신선한 공기를 한껏 들이마시며 걷는다.

"일찍 일어났구나, 돈아야."

눈을 돌려보니 어느새 박사님이 곁에 와 있었다.

"박사님, 어쩐 일이세요?"

"나는 늘 새벽에 이 길을 산책한단다. 어떠냐? 마음이 깨끗해지는 기분이지?"

"네. 기분이 정말 좋아요."

"칸트는 그가 살던 쾨니히스베르크를 일정한 시각에 정해진 코스를 따라 산책했다. 자연의 숨결, 가벼운 발걸음은 뇌를 자극하여 창조력을 자극한다. 서울에도 '철학자의 길'이 있으면 좋을 텐데."

"박사님은 평소에 어떤 생각을 하시는지 여쭤 봐도 돼요?"

"난 수학자니까 수학 생각을 하지."

"수학이 지루하진 않으세요?"

"수학은 이 세상에서 가장 조화롭고 자연과 어울리는 학문이다. 돈아, 넌 어떠냐? 평소에 무슨 생각을 하지?"

나는 곰곰이 생각하고 대답했다.

"친구들, 공부, 대학, 제 꿈같은 거요."

"생각에는 막연히 마음에 그림을 그리는 것과 어느 점을 향해 가는 선과 같이 구체적으로 목표에 도달하기 위한 방법을 구상하는 것 두 가지가 있다."

"어느 쪽이 중요해요?"

"마음에 그림이 없으면 그것을 향하는 방법도 없으니까 둘 다 중요하지. 하지만 어떤 정확한 형태로 구현해나가는 의지가 있어야 한다."

"전 마음껏 우주를 날고 싶어요."

"우주비행사, 멋진 꿈이구나. 그 꿈을 이루기 위해 어떤 게 필요하지?"

"뭐가 필요할까요. 그냥 공부 잘해서 좋은 대학에 들어가면 되지 않을까요?"

"꿈을 이루려면 막연한 바람 같은 걸로는 안 된다. 우주비행사가 되려면 필요한 것이 무엇인지 알아보고, 차근차근 준비를 해나가야 해. 외국어를 공부한다든가, 과학지식, 넓은 교양도 필요하겠지. 어떤 일이든 전문지식만으로 되는 게 아니란다."

"꿈을 이루려면 우선 구체적인 계획이 앞서야 한다는 말씀이세요?"

"그래. 계획이란 설계도와 같은 거다. 생각은 사람들의 삶을 더 풍성하게 만들어주지. 때문에 생각이 깊은 사람은 시행착오를 덜 한다. 생각하는 사람은 일직선으로 나아가지만 그렇지 않은 사람은 삐뚤삐뚤 가거나 혹은 멀리 돌아가 시간만 낭비하지."

"가끔 '내 꿈은 뭐지, 나는 커서 어떤 직업을 가져야 하지, 난 누구를 위해 공부하는 걸까?' 하는 생각이 들어요. 불안할 때도 있고 솔직히 막막하기도 해요."

"그러한 불안감이 바로 입지(立志)의 계기다. 프랑스의 회의주의 철학자 몽테뉴(Montaigne, 1533~1592)도 이런 말을 한 적이 있다. '끝없이 펼쳐지는 우주 속에 내던져진 인간은 도대체 어떤 존재란 말인가? 한낱 모래 알이나 먼지 같은 존재에 불과한 인간은 무한한 우주에 비하면 한마디로 무(無)라고 할 수밖에 없다. 이런 점에서 인간이 동물보다 낫다고 할 수 없다.' 이러한 불안을 이겨내기 위해서는 생각, 즉 철학이 필요하다."

"회의가 깊어지면 철학이 된다고요?"

"그래. 특히 자신의 현실과 존재에 관한 물음을 실존철학이라 한다. 입지는 실존에 대한 답이라고도 할 수 있다. 입지에 있어서 나이는 중요하지 않다. 오히려 일찍부터 깨닫는 것이 좋다."

"'사유'는 철학적으로 생각한다는 뜻인가요?"

"그래. 자, 그렇다면 공부를 해볼까?"

"네? 생각만 깊게 하면 되는 게 아니에요?"

"아는 것이 많아야 더 깊이 생각할 수 있게 되는 거다. '소도 비빌 언덕이 있어야' 하듯 생각도 지식의 언덕이 필요하다."

왠지 또 속은 것 같지만 그래도 공부는 즐겁다. 언제부터인지는 모르겠지만.

해석기하학의 철학

변혁기와 천재

"오늘은 어디로, 누굴 만나러 가죠? 박사님."

"오늘은 근대철학의 아버지라 불리는 데카르트(René Descartes, 1596~1650)를 만나러 가자."

"데카르트요?"

"데카르트를 알고 있냐?"

"네! 나는 생각한다. 고로 존재한다. 코기토 에르고 숨(cogito, ergo sum)!"

"데카르트가 태어난 16세기, 르네상스 말기는 중세의 계층질서가 무너지긴 했지만 여전히 새로운 질서가 확립되지 못한 혼란기였다. 과학 혁명기였던 17세기의 프랑스는 기원전 4세기 그리스 아테네 중심의 폴리스(도시국가) 문화가 차츰 기울어지면서 헬레니즘으로 재탄생할 때와 비슷한 상황이었다. 그리스 철학자들이 정신적 발판이었던 폴리스를 잃고 카오스, 무질서 속으로 내팽개쳐진 채 방황했던 것처럼 르네상스의 지식인들도 회의의 늪 속을 헤매야 했다. 하지만 이러한 혼돈(카오스)의 상황에서는 늘 새로운 문화가 기존의 문화를 내쫓고 융성해진다는 걸 알아두렴. 가령 중국의 춘추전국시대에도 공자, 맹자, 노자, 장자 등 기라성 같은 철학자들이 배출되었다. 철학자들이 새로운 철학을 모색하게 되는 카오스의 상황은 창조의 산실인 셈이다."

"영국의 유명한 크리에이터인 존 헤가티가 나쁜 날씨에 오히려 더 창의적이 된다라고 했던 것과 같은 말이네요?"

"그런 셈이지. 아무튼 17세기에 회의론이 등장했고, 대표적인 회의론자가 바로 몽테뉴이다. 이러한 경향에 대해 헤겔은 '지혜의 상징, 미네르바의 부엉이는 황혼에 운다'라고 했다. 문명의 몰락 시기에 새로운 지혜가 나온다는 뜻이다."

"회의론이란 뭔가요?"

"'인식(판단)은 주관적인 것이다. 보편타당한 것이 아니며, 그렇기 때문에 인간의 지성으로는 충분한 인식을 하지 못한다'는 입장이다."

"오늘 만나기로 한 데카르트가 회의론과 관계가 있나요?"

"큰 맥락에서는 데카르트 역시 회의론자다. 기존의 철학, 세계관을 전부 의심하고 자신의 세계해석을 세우려 마음먹은 인물이니까. 물론 단순히 회의에 그쳤던 몽테뉴와 달리 그는 더 이상 의심하거나 부정할 수 없는 절대적인 확실성의 세계에 도달하기 위한 '방법적 회의'를 내세웠다. 이전엔 없었던 새로운 철학은 '철저한' 회의를 통해 '의심하는 내가 존재한다'는 마지막 결론에 다다르게 되지."

"의심하는 내가 존재한다는 게 어떤 의미인가요?"

"역전의 발상이다. 모든 것이 의심되더라도 의심하고 있는 자신이 존재한다는 것만큼은 분명하다는 걸 확인하게 된 거지."

'아무것도 없을 수 있겠지만 그렇게 생각하는 내가 있다!' 철학이라는 건 정말이지 어려운 것 같으면서도 명쾌하다.

"자, 그럼 이제 떠나볼까? 매소피아, 가자꾸나."

"네, 박사님!"

스트라빈스키의 〈불새〉가 들려왔다.

데카르트

"여긴 어디에요, 박사님?"

"여긴 프랑스 중부 투렌 지방의 라 에이(La Haye)라는 곳이다."

"데카르트의 고향인가요?"

"그렇다. 데카르트는 브르타뉴 고등법원 판사의 아들로 태어났다. 10살 때 유럽에서 가장 명성이 높은 라 플레쉬(la Flèche) 고등학교를 졸업한 뒤 뿌아띠에(Poitiers) 대학교에서 법학사 학위를 받았다. 데카르트는 수학, 물리학, 생리학, 철학 등 모든 학문을 두루 연구했다. 해석기하학을 창시한 인물이기도 하지."

"경력이 화려하네요."

"괜히 근대철학의 아버지로 불리는 게 아니다. 그나저나 데카르트가 어디 있나? 찾을 수가 없군. 매소피아!"

"네, 박사님."

"데카르트가 어디 있는지 알려다오."

"늘 있는 곳, 카페 창가 자리에 앉아 있습니다."

"아! 그래, 그랬지."

박사님은 성큼성큼 앞으로 걸어 나갔다. 나는 그 뒤를 종종걸음으로 쫓았고, 우리는 곧 어느 카페 앞에 다다랐다.

"저기 있군."

박사님은 카페로 들어가 창가에 앉아 있는 사람을 가리키며 말했다. 박사님이 가리킨 곳엔 콧수염을 멋들어지게 기른 남자가 앉아 있었다.

"저 사람이 데카르트인가요?"

"그래. 데카르트다."

박사님은 아무 말 하지 않고 데카르트가 있는 반대쪽 자리에 앉았고 나를 향해 옆에 앉으라고 손짓했다. 나도 의자에 앉았지만 데카르트는 우리가 앞에 있는 것도 눈치채지 못하고 책을 읽고 있었다. 한참 시간이 지나고 나는 지루함에 하품을 했다. 그러자 데카르트가 깜짝 놀라며 고개를 들었다.

"아니, 박사님? 여긴 어쩐 일이십니까? 언제 오셨죠?"

"좀 전에 왔다네."

"인기척이라도 하지 그러셨어요?"

"방해하고 싶지 않았네. 아무튼 인사하게나, 여긴 나와 함께 여행을 하는 제자일세."

"안녕하세요, 홍돈아입니다."

"반갑다. 데카르트라고 한다. 박사님과 여행을 하다니, 부럽구나."

"하하, 그런가요?"

"당연하지. 박사님께는 정말 배울 게 많지 않니?"

"네, 맞아요. 많은 걸 배우고 있어요."

"가장 인상 깊었던 게 뭐였는지 물어봐도 될까?"

"확실하게 알게 된 건 바로 입지(立志)가 중요하다는 거요."

"그래, 입지는 중요하지. 내 얘길 하자면, 나는 나의 머리에서 나온 것 이외의 것은 믿지 않기로 하고, 남들이 만든 모든 학문과 생각을 의심하여 내가 만든 학문으로 대체하겠다는 의지를 가졌지."

"파르메니데스가 밀레토스학파를 무시하면서 '있는 것만 있고 없는 것은 없다'고 말한 것과 비슷한 생각처럼 들리네요."

"남의 학설을 믿지 않는다는 점에서는 같다. 그러나 파르메니데스는 믿어야 할 것을 제대로 찾지 못했지만 나는 분명히 찾았다. 중국의 철학자 장자(莊子)가 남긴 유명한 일화가 있지. 장자는 어느 날 나비가 되어 꽃밭을 훨훨 날아가는 꿈을 꾸다 깨어났지. 그때 그는 '나비가 내 꿈을 꾸는 건지, 내가 나비의 꿈을 꾸는지'를 알 수 없었다고 말했다. 인생은 꿈인가, 아니면 꿈이 인생인가?"

"꿈에서 철학의 길을 찾다니, 당황스럽네요."

"모든 것을 의심한 것이다. 실제로 나는 꿈에서 인생의 방향을 결정했다. 어느 날 나는 여러 개의 꿈을 이어서 꾸었지. 첫 번째는 회오리바람이 몰아쳐서 나를 왼쪽으로만 계속 넘어지게 했다. 일어서면 다시 바람이 불어 넘어지고, 또 일어서면 넘어지고. 회오리바람을 악마의 저주로 여긴 나는 유혹에서 빠져나가게 해달라고 신에게 기도했다. 두 번째는 벼락, 천둥소리에 놀라 잠을 깬 내가 훨훨 불타고 있는 방 안에 있는 꿈이었다. 이 장면을 나는 과거에 지었던 죄에 대한 양심의 가책으로 해석했다. 세 번째 꿈에서 '나는 어느 길을 갈 것인가?'와 'yes / no'라는 글이 적힌 『시인전

집』이라는 책을 선물 받았다. 지혜와 철학을 결합하라는 신의 계시로 해석했지. 이 세 가지의 꿈이 나로 하여금 완전히 새로운 학문을 연구하게 만들었다."

"꿈을 계시로 받아들이다니. 이성적인 사람 아니었나요?"

"인생의 의미를 찾고 있을 때 꾼 꿈이다. 요컨대 '의지 확립'이 중요하다. 인생의 의미와 목표는 확실한 자아인식에서 출발한다는 걸 알아야 한다. 나는 고루한 글공부에 실망하여 박사가 되려는 꿈을 접고 오직 경험과 정신수련을 통해서만 얻을 수 있는 진실한 지식을 찾기로 결심하고 세계

여러 곳을 여행했다. 가능한 모든 상황에서 나 자신을 시험하기 위해서였다. 그리고 26살 때 철학 연구가 나의 운명임을 자각했지."

"세계 곳곳을 여행하면서 인생의 길을 찾다니. 대여행가였던 고대철학자 탈레스, 피타고라스, 플라톤이 생각나네요."

"너도 지금의 시간을 소중히 하렴. 대과학자 갈릴레이(Galileo Galilei, 1564~1642)도 '진리의 위대한 교과서 자연을 읽어라'라고 했다. 내가 살았던 과학혁명의 새벽이었던 시기는 새로운 지식을 구하기 위해 과거의 학설이 아닌 '세상이라는 더 큰 책'에서 직접 배워야 했다."

"멋진 말이네요. 세상이라는 더 큰 책!"

데카르트의 철학

"생각해보면 여행에서 찾은 나의 공부는 결국 나만의 철학 확립을 위한 것이었다."

"어떤 철학인가요?"

"두 분야로 나눌 수 있지. 첫 번째는 '인간은 세상을 제대로 보고 이해하고 있는가'라는 '인식'의 문제, 두 번째는 '몸과 마음의 관계'에 대한 것이었다. 과거의 철학자들도 '세상은 ~이다'라는 형식으로 자기만의 세계관을 주장했지만 과연 그들이 정확하게 세상을 이해했는가, 그리고 마음과 몸이 과연 분리되어 있는가에 대해 질문을 던졌다. 대부분 사람들은 감각을 통해 인식(이해)을 얻지만 나는 그런 것을 믿을 수 없었다."

"감각에 의존하는 건 정말 믿을 수가 없나요?"

"철학자 파르메니데스가 감각을 믿는 자를 멍청이라 했던 말에 나도 동감한다. 무언가를 알아내는 인간의 인식에는 두 가지가 있다. 수학의 정리를 이해할 때처럼 머리, 즉 '이성'으로 이해하는 것과 '감각'을 통해서 이해하는 것! 하지만 감각이라는 건 기분에 좌우되기 때문에 나는 후자의 경우를 인정할 수 없는 거다."

"하지만 좋은 사람인지 나쁜 사람인지 같은 걸 판단할 땐 감각을 통한 직감이 더 정확할 때도 있지 않나요?"

"그런 판단은 잘못될 때가 많다. 감각으로 알아낸 결과를 믿지 않는 태도는 합리(이성)주의의 첫발이다. 나는 '현실과 꿈속의 감각은 뭐가 다를까?'를 생각해봤지만 둘의 차이를 구별할 수는 없었다. 꿈에서 일어났던 일이 현실에서도 충분히 일어날 수 있다는 사실이 놀라울 뿐이지. 그래서 '인생이란 단지 꿈에 불과한 게 아닐까?'라고도 생각해보고, 이전의 철학자들이 전혀 의심하지 않고 진리로 여겨온 수학까지도 의심했다."

"수학까지도요?"

"가령 '1+1=2'가 실제로는 '1+1=1'이 아닐까? 신이 진실을 속이고 2로 믿게 한 건 아닐까?"

"'1+1=1'이라니요?"

"불씨를 모으면 하나의 불씨가 되고 만다. 그러니 '1+1=1'이지. 이런 식으로 생각하면 무엇이 진리인지 알 수 없지."

"아하, 불씨가 더 커졌지만 둘은 아니라는 말씀이군요. 그렇지만 그게 신의 의도라니, 왠지 터무니없어 보여요."

"신이 아니라면 악마라 해도 좋다. 물론 둘 다 아니어도 상관없다. 하지만 중요한 건 만약 신이나 혹은 악마가, 아니면 장난을 좋아하는 무언가가 인간이 자주 실수를 하게끔 만든 게 아닌가 하는 생각도 했지."

"만약 끊임없이 실수한다면, 인간이란 애초부터 잘못 탄생한 것일 수도 있다는 뜻인가요?"

"가능성은 있지. 그래서 나는 '신에게 인간의 이성을 초월하는 전능한 능력이 있는가, 신은 인간을 속일 수 있는가?'라는 물음을 던졌고 절대불변의 진리라는 수학의 법칙 또한 의심하게 된 것이다."

데카르트의 출발점

"한 줌의 의심도 없이 인정할 수 있는 게 있기나 한가요?"

데카르트는 잠시 고민하다가 이내 대답했다.

"내가 계속 의심만 했다면 이 세계에 달라지는 건 아무것도 없었을 것이다. 난 의심에 의심을 거듭하여 아무것도 없는 제로점에서 한걸음 더 나아갔다. 결국 의심하고 의심해도 도저히 의심할 수 없는 것이 있다는 걸 알아차렸다."

"뭔데요?"

"내가 의심하고 있다는 사실."

"내가 의심하고 있다는 사실이요?"

"그래. 그건 바로 내가 '존재'하고 있다는 사실을 입증하는 틀림없는 증거다. 만약 음식을 먹거나 운동하는 꿈을 꾼다면, 실제로 음식을 먹거나 운동을 하는 건 아니지만 그 꿈을 생각하고 있는 건 바로 '나'다. 그러므로 그런 의식을 하는 나는 확실한 존재인 거다."

"꿈은 헛것일 수 있지만 꿈을 꾸는 나는 진짜란 말이군요! 그러면 운동하는 것은 몸이지만 그 사실을 의식하는 것은 마음이니까 마음과 몸은 서로 다르다는 건가요?"

"정신적인 실체인 마음과 물질적인 실체인 몸은 다르다. 그렇지만 인간은 마음과 몸, 생각과 연장이 함께 존재한다."

"연장은 뭔가요?"

"연장(延長)은 '부피와 공간을 차지하는 크기를 갖는 것'이다."

"마음과 몸, 생각과 연장."

"중요한 건 '아무도 나를 대신해서 생각할 수 없다'는 사실이다. 현실과 사고, 즉 실체와 머릿속에 존재하는 것은 별개이다. 하나는 연장(물체)이고 또 다른 하나는 생각(정신)이다. 정신은 머릿속에서 생각으로 존재하고 별도의 공간이 필요하지 않다. 한편 물체는 공간에 존재하고 머릿속에는 존재할 수 없다."

"좀 어지럽네요."

나는 고개를 저었다.

"사고는 물질과 분리되어 어떠한 간섭을 받지 않고, 물질 또한 사고로부터 어떤 영향도 받지 않는다. 그러니까 두 실체는 독립적이며 구별되어야만 한다.”

“그렇지만 생각만으로 물체를 움직일 수도 있지 않나요? 마술이나 염력 같은 거요.”

“그건 사실이 아니다. 만약 사실이라면 생각(정신)이 에너지화 되어 총 알도 막을 수 있다는 건데, 그건 불가능하다.”

“물체는 여러 가지로 표현되지만 결국 이데아는 같다는 플라톤의 생각 과 비슷한 거네요?”

“나는 플라톤의 이데아설에서 적절한 면만 취했고, 또 ‘생각하는 것과 존재하는 것은 같다’는 파르메니데스의 철학과 비슷한 생각을 품은 거다.”

“이전 학자들의 생각을 가져온 거구요.”

“수학처럼 철학도 하늘에서 갑자기 떨어지는 것이 아니며 과거−현재− 미래로 이어지면서 발전한다.”

“결국 존재는 공간을 차지해야만 존재인 거 아닌가요?”

“뇌에서는 물체를 이미지로 떠올리므로 현실의 공간은 무시된다.”

마음속에서 무언가 뜨거운 것이 올라오는 기분이었다. 생각이 다채롭고 풍성해지는 건 정말이지 굉장한 일처럼 느껴졌다.

“생각하는 것은 이성이며 ‘이성적인 것만이 존재한다’는 명제는 합리주 의자의 공통철학이다. 이성주의자의 학풍은 파르메니데스−플라톤−데카 르트 그리고 칸트로 면면히 이어진다.”

박사님이 나직한 목소리로 말했다.

“이성주의 말고도 또 다른 철학의 흐름이 있었나요?”

"물론 있지. 심지어 세상은 알 수 없다는 불가지론(不可知論)도 있다. 위대한 이성주의자가 등장할 때마다 그것을 반박하는 철학자도 나온다. 옛 그리스에 자연철학, 수 중심주의, 논리(합리)주의, 이 세 학파가 서로를 공격하고 반박한 것처럼 철학도 마찬가지다."

"그러니까 완벽한 철학은 없네요."

"그렇다. 수학이 완결되지 않은 것처럼 말이다."

데카르트의 수학

"그렇다면 수학에도 절대 변치 않는 원리라는 건 없는 걸까요? 수학의 원리도 언제든 깨질 수 있는 거라는 건가요?"

나는 박사님에게 물었다. 그러자 박사님이 잠시 생각한 뒤 대답했다.

"이성만 존중하고 '생각하는 것만이 존재한다'고 주장했던 파르메니데스와 감각을 존중하고 '만물유전(萬物流轉)'을 주장했던 헤라클레이토스가 좋은 예가 될 것 같구나. 파르메니데스는 '이성'만을, 헤라클레이토스는 '감각'만을 중요시했다. 헤라클레이토스가 모든 것은 변한다고 했듯이 수학에도 움직이는 함수가 있고 전혀 움직이지 않는 수, 도형의 세계가 있다. 자연계에는 눈에 보이는 분명한 변화가 있다. 감각으로 보는 세상은 잠시도 그대로 있지 않는다. 눈에 보이는 것은 '모두 변한다'는 주장과 머리에 있는 것은 '변치 않는다'는 존재론은 대립적이다. 움직이지 않는 이상(이데아)적인 도형을 대상으로 하는 기하학과 움직이는 것을 대상으로 하는 함수론 역시 대립적 분야로 볼 수 있다. 상반되는 수학의 두 흐름은 '절대 진리는 없다'라는 중요한 사실을 알려준다."

"'1+1=2'가 모든 경우에 맞는 게 아닌 것처럼 말이죠?"

"푸앵카레(H. Poincaré, 1854~1912)는 '수학은 가설이다. 편리한 가설'이라고 말했다. 가령 돌이나 양처럼 분리되는 것엔 '1+1=2'가 성립하지만 남한강과 북한강은 한강으로 합쳐져 하나가 되어 흐르지. 네가 진리로 믿는 수학의 정리도 주어진 상황에 따라 달라지며 다른 식이 나올 수 있다. 그러니 수학은 편리한 가설일 뿐이다."

"머릿속이 더 복잡해졌어요, 박사님."

내가 머리를 움켜쥐며 말하자 박사님은 웃었다.

"걱정 마렴. 넌 이미 많은 걸 알았다. 찬찬히 정리하면 언젠가 네게도 '유레카'의 순간이 올 거다."

의심에서 시작한 수학

데카르트는 카페 점원을 불러 따뜻한 차 한 잔을 부탁했다. 곧이어 차가 나왔고 데카르트는 향을 음미하며 차를 마셨다. 차가 어떤 맛인지, 데카르트가 실제로 차의 맛을 느끼고 있는지 나는 궁금했지만 차마 물어볼 수는 없었다.

방법서설

"흔히 사람들은 나의 회의를 악마의 비유라고 말한다. 이 세계가 존재한다는 것마저도 의심하니 어찌 보면 당연한 말이겠지. 인간보다 훨씬 뛰어난 악마가 속임수를 쓴다면, 어쩔 수 없이 속아 넘어갈 것이다. 그러나 설령 악마가 속인다 해도 속임수에 의해 잘못 생각하는 나는 존재해야 한다. 요컨대 생각하는 나만은 틀림없이 존재한다."

"결국 중요한 출발점은 '나의 생각'이라는 이야기네요?"

"그렇지. 출발점에 있어서만큼은 나와 너의 차이는 거의 없다. '지렛대의 원리'를 발견한 아르키메데스는 '나에게 충분히 긴 지렛대와 설 땅을 주면 지구도 움직일 수 있다'고 말했다. 결국 자신의 확고한 철학이 바로 '나'라는 존재에 있으니 '나'야말로 세계를 이해하는 출발점이자 원점이다. '나 여기 있어(cogito ergo sum)!'를 철학의 기본으로 삼았기 때문에 새로운 학문을 수립할 수 있었다."

"새로운 학문이요?"

"가톨릭 신학을 위한 스콜라 학파의 전통을 이어받은 르네상스의 학문은 인문학적인 교양, 기억 위주의 지식에 지나지 않았다."

"인문학이 뭐죠?"

"쉽게 말하면 문학, 역사학, 철학이다."

"아! 문사철이요."

"전통적인 학문이 하나로 통합되는 체계를 수립하려 했던 나는 가장 기본적으로 사고법이 필요했다. 그 내용을 『방법서설(方法敍說)』의 첫머리에 적었다.

> 이성(理性, bon sense)은 이 세상에서 가장 공평하게 배분되어 있다. 이성은 바르게 판단하고 참과 거짓을 구별할 수 있는 능력이며 모든 인간이 태어나면서 갖고 있다.

이성이란 바르게 생각하는 것, 건전한 판단을 내리게 하는 거라는 뜻이다. 결국 『방법서설』은 자신의 생각을 바르게 이끌어 광학(光學), 기상학(氣象學), 기하학(幾何學) 등 여러 학문의 진리를 탐구하기 위한 방법에 관한 설명이다."

"그 방법이 해석기하라는 뜻인가요?"

"미적분 중심인 해석학의 중요한 수단인 해석기하의 출발은 『방법서설』을 현실화하기 위한 것이었다. 마치 유클리드의 『원론』이 플라톤의 이데아론이라는 철학적 바탕 위에 아리스토텔레스의 논리를 사용하여 도형을 설명한 것과 같다. 나는 '나 여기 있어(cogito ergo sum)'라는 철학을 펼치기 위한 수단으로 해석기하학을 발명했다. 네가 단순하게 도형을 공부하는 학문이라 여기는 평면기하엔 플라톤의 이데아론과 아리스토텔레스의 논리가, 해석기하엔 나의 존재론이라는 철학이 숨 쉬고 있다."

"저도 모르게 철학을 공부하고 있었던 거네요."

"이젠 알게 된 거지."

그리스 고전과 기하학의 한계

"언젠가 한 꼬마에게 하늘의 달을 가리키며 '저 달에 갈 수 있는 방법이 있다고 생각하니?'라고 물었더니 아이가 뭐라 했는지 아니?"

"글쎄요."

"'달까지 닿는 긴 사다리를 만들어서 올라가면 되지요'라고 답하더구나."

"아이다운 상상력이네요."

"그렇지. 아이는 달이 그다지 멀지 않은 하늘의 어딘가에 고정되어 있다고 여겼던 거지. 꿈같은 상상이 기특하지 않니? 하지만 이와 비슷한 상황이 중세에서 근세로 넘어오는 시기에도 있었다."

"설마 달까지 가는 사다리를 만들기라도 했나요?"

나는 혹시나 하는 마음으로 물었다.

"그런 얘기가 아니다. 그리스 문명은 최고 수준에 도달했지만, 근세 과학이 내놓은 수학문제를 해결하기엔 '사다리로 달에 가는' 터무니없는 수준에 불과했다. 시대의 변혁을 위해서는 혁명적인 발상이 필요했다. 혁명이라는 건 과거의 상식을 무시하는 데서 시작하니까."

"학문의 혁명이라는 건 생소해요. 점진적으로 천천히 바뀌어가는 거라고 생각했거든요."

"중세와 근대의 큰 차이는 한마디로 '정지에서 움직임으로'의 변화라 할 수 있다."

"정지에서 움직임이요?"

"그래! 중세는 봉건 영주 귀족은 세습되고, 교회는 신앙이라는 사다리를 통해 천국에 이르게 되는 것과도 같은 수직적인 질서로 이루어져 있었다. 천문학도 지구가 우주의 중심에 고정되어 있다는 천동설을 따랐지. 하지만 근대에는 대항해, 광역상업 등 거대한 움직임을 주도했던 사람들이 영웅이 되었다. 그러니까 철학, 수학도 움직이는 '변화'가 주목받을 수밖에 없었던 거지."

"수학에서 '정지에서 움직임으로'의 변화는 무엇인가요?"

"예를 들어 타원을 생각해보자. 그리스의 곡선에 대한 연구는 타원의 형태에 관한 것일 뿐 움직이는 곡선에 대한 길이나 넓이 등과 같은 문제는 생각조차 하지 못했다. 돈아, 너 케플러라는 천문학자를 아니?"

"알죠. 행성의 운동에 관한 '케플러의 3대 법칙'을 발견한 사람이잖아요." 나는 자신만만하게 말했다.

"그래, 케플러의 3대 법칙은 천체가 지구를 중심으로 완전한 원운동을 한다는 지동설을 부정하고, 행성궤도가 타원이라는 점을 밝힌 내용이지. 도형의 넓이, 길이와 같은 양적인 문제를 생각할 방법과 수단이 없었던 고대 그리스인에게는 도저히 넘어갈 수 없는 암벽과 같은 것이었다."

데카르트와 좌표평면

"박사님, 궁금한 게 있어요. 수학에서는 전혀 다른 도형의 세계와 문자의 세계가 공존하는 것 같아요. 왜 문자와 도형의 두 세계를 하나의 수학으로 묶어 배워야 하나요?"

박사님은 잠시 고민한 뒤 대답했다.

"해석기하에서는 도형을 대수식으로 표시한다. '$(a+b)^2=a^2+2ab+b^2$'과 같은 전개식을 사각형의 넓이로 설명해주면 이해하기가 훨씬 쉬워질 수 있지. 그리스인은 학문을 정지하는 것과 움직이는 것, 두 분야로 나누어 생각했다."

"정지하는 것과 움직이는 것을 계산하기 위한 건가요?"

"고대 음악은 피타고라스 음계의 계산, 언제 씨를 뿌려야 할지를 알기 위한 천문학의 산술적 계산만 필요했기에 굳이 함수를 생각할 이유가 없었다. 고대 중국이나 이집트 문명도 달력 없이는 성립할 수 없었다. 달력이나 음계의 이론은 점과 선을 움직이지 않는 것으로 보았다. 하지만 근대 수학은 선은 점의 움직임, 면은 선의 움직임, 그리고 원은 고정된 한 점으로부터 일정한 거리에 있는 움직이는 점들의 집합으로 보았다. 그 움직임을 따라가려면 함수로 생각할 수밖에 없다. 더욱이 직선, 원보다 복잡한 곡선은 해석기하가 아니면 도저히 접근할 수 없다. 그러니 기하도 한 차원 높은 수학의 세계로 진출할 필요가 있다."

"차원 높은 수학은 어떻게 등장하게 되나요?"

"정지한 상태에서 움직이는 것으로 대상을 바꾸는 발상의 전환이 필요하다. 차원 높은 수학의 등장을 이해하려면 새로운 시야가 펼쳐지는 이유와 그 계기를 먼저 알아야 한다. 움직이는 점의 자취를 파악하기 위해서는 매순간의 위치를 정확하게 예측해야 하는데, 이는 좌표의 도입을 통해 가능해졌다."

"좌표가 그래서 중요하군요."

"탈레스로부터 소크라테스 이전까지의 철학자들은 자연철학을 주장했고, 소크라테스 이후의 철학자들은 '있다, 없다'를 생각하는 존재론의 문제가 출발점인 인간을 중심으로 연구했다. 그리고 데카르트에 이르러서 문제는 전혀 새로운 방향, 움직이는 세계로 나아가게 되지."

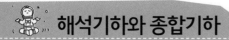
기호대수학에서 해석기하학으로

"데카르트는 분리되어 있던 기하학과 대수학이라는 두 바다를 연결하는 운하를 만들어냈다. 아리스토텔레스는 '시는 음율적 언어에 의한 자연의 모방이다'라고 말했지. 차원 높은 시의 정신을 모방하여 데카르트는 자연을 극도로 추상화된 문자와 수(대수)로 표현했다. 시적인 마음이 없었다면 불가능한 작업이었지."

"수학자가 시인이라니. 처음 듣는 말이에요."

"데카르트는 시인이 언어로 자연을 묘사하는 것처럼 수와 문자만으로 시를 쓴 거다. 시는 은유가 생명이듯이 가장 세련된 언어인 수는 수학의 생명이다. 가령 '1'은 이 세상에 하나밖에 없는 태양, 달이 될 수도 있고, 남편, 애인이 될 수 있다. 자, 이걸 봐라."

박사님은 사각형을 그리며 말했다.

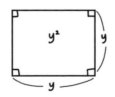

"수를 문자로 생각하는 대수가 발달하면서 기호의 학문이 되었다. y^2은 한 변의 길이가 y인 정사각형의 넓이다. 대수학이 기호학으로 전환되면서 y^2을 정사각형을 나타낸 것으로 생각할 수 있게 되었지. 기호와 도형이 분리되었고 대수학은 기호로써 나타낼 수 있게 된 거지."

"x^3을 정육면체로 생각하는 것과 단순히 x를 3번 곱한 것이나 제겐 아무 차이가 없는 걸요."

"네 말이 모두 틀린 건 아니지. 비에트(F. Viète, 1549~1603)가 기호대수학을 한층 더 발전시켰고 데카르트는 지수기호를 고안했다. 기하학적으로는 결코 같을 수 없는 선분과 정육면체를 하나의 변수로 취급하고, 한걸음 더 나아가서 x^4, x^5, ⋯, x^n으로 자연스럽게 확장할 수 있었다. x^4의 공간도형이 있거나 말거나 생각할 필요가 없어진 것이다. 즉 지수를 도형의 차원과 관계없는 식의 변수로 자연스럽게 받아들인 것이다. 요컨대 이전의 x^2은 평면, x^3은 입체라는 생각을 무시하고 계산하면 된다."

"그런 어려운 의미는 몰라도 사람들은 방정식도 풀고 지수도 계산할 줄 알잖아요?"

"그 모든 건 데카르트가 수학의 고속도로를 마련했기 때문이다. 수학을 철학의 눈으로 보면 수학의 고속도로가 생긴 이유도 알게 된다."

"수학의 고속도로가 무슨 의미에요?"

"시내를 달리는 차는 신호나 교차로 등을 주의해야 한다. 그러나 일단 고속도로에 들어서면 그런 것은 모두 사라진다. 마찬가지로 처음에는 문자와 도형을 묶어 생각했으나 일단 대수학을 배운 후에는 도형이 무시되는 거지."

"해석기하학이 꼭 필요했군요."

"해석기하학은 사회적으로 상업 활동이 활발해지고 수학 내부에서는 기호화 작업이 진행되었던 시기에 탄생했다. 가령 국가, 사회 차원에서 생각하던 일을 개인 차원에서 보게 되고 운동을 점의 차원에서 생각했던 시기였지. 전체를 분석한 뒤에 생각을 정리하는 '분석과 종합'의 시기였던 거지. x, x^2, …, x^n의 지수는 기하학적으로는 공간 차원이지만 대수적으로는 x의 인수를 분석하는 의미가 있다. 마치 고대 건축엔 거대한 돌, 목재를 그대로 사용했지만 현대에는 가루의 차원까지 분해하고 시멘트, 합판을 만드는 것과 비슷한 거지."

"해석기하학의 위력이 그토록 대단한가요?"

"그렇기도 하지만 모든 게 해석기하학만으로 이루어진 건 아니다. 새로운 발상을 위한 발판은 기호(상징)의 철학과 수학의 양쪽에서 동시에 진행되었고 그 결과가 해석기하학의 탄생으로 이어진 것이다. 대변혁이나 대발명은 줄탁동시, 즉 병아리는 안에서, 어미닭은 밖에서 동시에 껍질을 깸으로써 가능하다. 천재와 사회적 상황이 대발명을 함께 만들어내는 성과라는 의미지."

"수학적으로는 기호화의 완성으로 대수학이 모양새를 갖추고, 좌표가 발명되어 해석기하학이 탄생했다는 건가요?"

"그렇지! 바로 그거야!"

해석의 사고법

"하지만 기하학의 증명과 대수의 증명에는 결정적인 차이가 있다."

데카르트가 말했다.

"어떤 차이죠?"

"우선 나는 『원론』을 면밀히 검토한 뒤 그것이 논리정연하면서도 보조선을 찾아내는 경우에 비논리적 비약이 있음을 알아냈다. 이전의 수학자들은 그 사실을 감지하지 못하고 모두 완벽한 것으로 여겼지만 나는 '보조선'을 찾는 일이 연역이 아니라 우연임을 알아냈다. 가령 '이등변삼각형의 두 밑각의 크기는 같다'라는 정리를 생각해보렴."

"꼭짓점 A에서 $\overline{BC}$에 수직이등분선 $\overline{AM}$을 그리고 삼각형 ABM과 삼각형 ACM이 같다는 걸 증명하면 돼요."

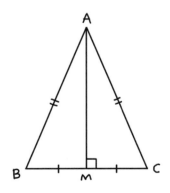

"$\overline{AM}$을 그리는 근거는 뭐지?"

"그건 그냥 $\overline{BC}$와 수직이 되게 그리면 되지 않나요?"

"그것은 연역의 순서에 따른 계획적인 것이 아니라 직감에 의해 우연히 그려진 거다. 이를테면 합동조건을 생각할 때는 필연적이며 차곡차곡 연역하는데 갑자기 수직이등분선이 등장하여 논리가 끊어지지. 이 우연에 의존한다는 점이 바로 유클리드 기하의 결함이다. 하지만 대수학 쪽으로 눈을 돌리면 식을 변형시키며 방정식을 얻는 풀이과정에 비약이나 빈틈이 없다."

"기하, 대수는 한결같이 어려워요. 수학샘께선 '무조건 연습을 하면 절로 풀이과정이 떠오른다'고 하셨지만요."

"풀이과정을 암기하라는 거였겠지! 기하학의 증명은 알려져 있는 명제를 결합해서 새로운 명제를 유도하는 종합적인 방법에 의존한다. 반면 대수의 증명법은 분석적이거나 해석적이다. 방정식을 풀 때를 생각해봐라. 미지수를 미리 결정된 것으로 가정하여 마치 기지수와 같이 취급한다. 일단 방정식을 세우면 그다음 순서는 거의 기계적인 조작으로 해를 얻을 수 있다."

"그렇죠. 방정식을 풀 때 동류항끼리 정리한 뒤, 미지수를 구하기 위해 이항하고 계수를 나누거나 곱하면 답이 나온다는 정해진 풀이과정을 따르니까요."

"나는 이런 대수학의 장점을 살리기 위해 인도·아라비아 숫자와 계산 기호를 정리해 도형을 좌표를 이용해서 방정식의 형태로 바꾸었다. 방정식 풀이엔 우연적인 직감이 필요 없다."

도형이 대수식이 되다

"결국 직선, 원, 타원, 포물선, 쌍곡선 등의 기하학적인 도형은 간단한 대수식으로 나타낼 수 있게 되었지."

"예를 들면요?"

"가령. 원의 방정식은 '$(x-a)^2+(y-b)^2=r^2$'과 같은 식으로 표현할 수 있지. 좌표평면에서는 식과 도형이 같은 것으로 간주한다. "

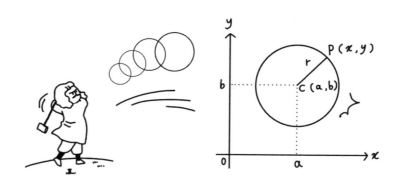

"'도형 ⇔ 식.' 생각할수록 신기해요. 고대 그리스에서도 포물선, 타원, 쌍곡선, 원뿔 곡선에 대한 연구가 있었나요?"

"그리스의 아폴로니우스가 연구한 원뿔 곡선론의 내용은 모두 1, 2차 방정식에 포함되어 있다. 나는 수학적인 방법으로 다룰 수 있는 학문이라면 모두 동일한 방법으로 연구할 수 있는 것으로 믿는다. 이것이 내가 주장하는 보편수학이며 수학에 의한 학문의 천하통일이다. 실제로 '종합과 분석' 하나만으로 설명한 해석기하학은 혁명적인 아이디어다. 또한 그와 같은 방법으로 모든 학문을 하나의 체계로 흡수할 수 있다고 믿었다. 점까지 분석하고 다시 그것을 전체로 종합하는 식을 생각하는 것이다. 나의 입지, 즉 '기존의 학문 모두를 무시하고 내 힘으로 학문을 수립한다'는 뜻이 이루어졌다고 생각했다."

"어떠냐, 돈아야. 많은 걸 배웠지?"

박사님이 물었다.

"생소한 개념들이어서 어렵다고 생각했는데, 지금은 더 많이 이해할 수 있는 것 같아요."

"그래. 데카르트의 철학과 수학은 400년 뒤인 오늘날에도 확실히 참신하지. 그리고 해석기하로 인해 수학뿐만 아니라 과학이 놀라운 진보를 하게 된 건 틀림없는 사실이란다. 그것 없이는 미적분도 나올 수 없었어. 그럼, 이제 돌아가 볼까."

"벌써요?"

데카르트는 창밖을 보았다.

"이런 벌써 어두워졌군요."

"그래, 우리 또 보자고. 인사하렴, 돈아야."

"안녕히 계세요. 만나서 영광이었어요."

"네가 나보다 더 뛰어난 수학자가 되기를 진심으로 바라마, 돈아야."

"제가요? 불가능할 것 같은데요."

"할 수 있다고 생각하면 할 수 있는 것이다. '입지'를 잊지 마라."

우리는 데카르트와 인사를 나누고 밖으로 나왔다.

여러 가지 기하학

카페를 나와 거리를 걸으며 나는 박사님께 물었다.

"박사님, 결국 해석이란 단순한 분석만은 아닌 것 같네요."

"해석이란 답을 얻기 전에 답이 있다고 가정하고 조건을 분석하는 것이다. 여행 계획을 세우는 걸 생각해보렴. 목적지에 도달했다고 가정하고 교통수단, 비용 등을 거꾸로 생각하는 거지. 그것은 무한, 극한(lim)을 이용할 때 쓰인다. 극한점에 도달했다 가정하고 그 과정을 하나씩 검토한다. 가령 타원의 식을 얻기 위해서는 우선 타원이 그려졌다 생각하고 타원상의 한 점(x, y)은 어떠한 조건을 가져야 하는가로부터 생각하는 거다. 데카르트는 모든 것에 의심을 품고 마지막으로 의심의 끝에 도달했다 가정하고 '나는 의심하고 있다'는 점에서 철학을 시작했는데 그것 자체가 해석적인 사고법이다. 또한 그 뒤에 어떤 새로운 방법이 없는지를 생각했다. 유클리드는 도형을 종합적으로만 보고 판단했지만 데카르트는 해석(분석)하여 문제를 종합적으로 풀었던 것이지."

"그러니까 유클리드는 도형 전체의 그림을 통해 판단하고 데카르트는 점으로부터 시작한 셈인 건가요?"

"결국 가장 중요한 것은 좌표의 발명, 그것 없이는 점을 취할 수 없지. 데카르트가 생각해낸 좌표에 대한 일화가 있다. 어느 날 데카르트가 침대에 누운 채로 천장을 바라보고 있었는데, 마침 파리 한 마리가 공중을 날아다니고 있었지. 데카르트는 파리가 어떻게 그리고 얼마나 날아다니는지를 유심히 관찰했다. 천장의 격자무늬를 좌표라고 생각하면서 말이다. 파리의 격자무늬상의 좌표를 추적하고 일반화하면 모든 운동하는 물체를 좌표로 만들 수 있지 않을까 하고 생각한 거다."

"파리가 가져다준 수학이라니. 엄청난 발상이군요."

"진보를 넘어선 혁명이라 할 수 있겠지."

박사님과 나는 서로를 바라보며 웃었다.

"보편수학의 생각은 라이프니츠에 이어졌으나 데카르트에 관한 철학의 의미, 모든 과학을 수학으로 나타낸다는 건 곧 근대 과학정신의 기반이었다. 근대는 갈릴레이나 코페르니쿠스가 아니라 바로 데카르트로부터 시작된 거나 다름없지. 해석기하학은 단지 수학에서 방법론의 변화가 아니라 사고의 질적인 전환이 수학으로 나타난 것이다. 그런 점에서 고대과학을 현대과학에 비약시킨 역할을 한 제1인자는 바로 데카르트다."

"전 정말 대단한 사람을 만난 거군요."

"그래. 그렇단다."

"꼭 기억해두겠어요."

고대와 근대의 차이

"지금까지 탈레스, 피타고라스, 특히 데카르트와 같은 위대한 천재를 만난 건 정말 행운인 것 같아요."

"그들이 위대한 건 맞지만 그렇다고 완벽하다는 건 아니다. 고대의 대학자는 모두 큰 실수들을 저질렀다. 수학, 과학은 이전의 대학자의 학설을 부정하면서 발전한다. 하지만 수학(과학)은 늘 진보해 왔다. 너의 지식만 해도 탈레스, 피타고라스, 데카르트보다 앞서 있을 거다."

"정말이요? 제가 플라톤, 탈레스보다 더 낫다고요?"

"탈레스는 일차방정식도 몰랐고, 플라톤은 엉뚱하게도 불의 원자는 작은 피라미드형, 흙의 원자는 입체형이라고 믿고 원자와 정다면체의 대응이 아름답다는 이유로 그 이상 설명하려고 하지 않았다. 피타고라스는 무리수를 분수로 표현할 수 없는 딱 떨어진 소수가 아닌 무한소수라는 이유로 무시했다. 너는 그 모든 오류를 짚어낼 수 있지 않니?"

"그런가요? 고대과학과 근대과학의 차이는 어떻게 설명할 수 있을까요?"

"고대과학은 주장을 설명하지 않고 정연한 체계만으로 만족했다. 그리스의 자연철학, 플라톤의 정다면체, 분자설에는 그 이유에 대한 설명이 없고 단지 그럴싸한 이야기만 있지."

"과학에 이론적 설명이 생긴 건 언제부터죠?"

"그건 아리스토텔레스 이후부터다. 그는 지구가 구형이라는 것을 일식, 월식 때 지구에 비친 태양과 달의 그림자가 원이라는 사실과, 같은 별의 위치가 관측지에 따라 다르다는 이유를 들어 설명했다. 과학은 자연현상을 자연의 관계로 설명하는 것이다. 이를테면 비라는 기상현상을 기압, 온도, 풍속과 같은 자연현상으로 설명하지 무당의 굿때문이라 말하지는 않는다. 탈레스를 비롯한 밀레토스학파의 주장은 기술에 이용되지 않은 과학이 아닌 과학철학이다."

"내용에 대해 설명할 수 없는 주장은 철학이라는 거군요."

"맞다. 일관된 체계가 필요하다는 거다. 데카르트의 해석기하는 자연의 운동을 그래프로 표시하고 함수식으로 나타낼 수 있게 했다. 뉴턴은 그것을 이용해 천체운동을 미적분으로 간단하게 설명했다. 과학혁명은 실험, 관측 결과를 수식으로 표시함으로써 시작되었다. 시가 현상 사이의 관계를 논리가 아닌 감성으로 꿰뚫어 본다면, 수학을 시라고 한 것은 여러 수식의 조화로움 그리고 수식과 자연의 관계에 감동한 것에서 수학이 나오기 때문이다. 데카르트의 해석기하는 대수와 도형을 일체화시키고 자연현상까지도 설명했다. 그는 논리와 이성만을 존중하고 감성에 호소하지 않았다. 위대한 시인이라고 할 만하지. 실제로 데카르트뿐만 아니라 위대한 수학자는 시인적 직관력이 있다."

"시인과 철학자, 수학자의 차이가 있을까요?"

"시인은 자기 시에 대해 설명할 생각을 하지 않는다. 이해가 아닌 공감을 원하는 거니까."

"아, 그래서 시인은 이성이 아닌 감성에 호소한다고 하는구나."

"시는 감성으로 조화와 아름다움을 표현하고 철학은 설명 못한 진리를 직감하고 논리를 펼쳐나간다. 과학은 실험, 관측의 결과를 수학으로 표시하고 수학은 진리를 수식으로 표시한다. 하지만 시적 직감, 아름다움에 대한 감동 없이는 철학도 수학도 큰 의미가 없다. 그걸 이해해야 한다."

"네, 박사님."

10장
수학 꼴찌, 수학의 원리를 철학에서 찾다!
제논의 역설, 무한소와 무한대를 이해시키다.

그리스 수학

　오늘은 아침부터 비가 내렸다. 나는 거실 소파에 앉아 멍하니 바깥을 바라보았다. 하늘도 우울한 내 마음을 알고 있구나 하는 생각이 들었다. 어제 저녁 엄마에게 걸려온 전화 때문이었다.

　"돈아야, 엄마야."

　"아, 엄마. 어쩐 일이세요?"

　"어쩐 일은 이 녀석아. 대체 뭘 하고 있기에 소식이 없어?"

　"뭘 하긴요. 공부를 하고 있죠. 그러라고 엄마가 날 박사님께 보낸 거잖아요."

　"그래서? 공부는 제대로 하고 있는 거야?"

　"네. 열심히 하고 있어요."

　"재미는 있고?"

　"네, 재미있어요."

　"그거 정말 다행이구나. 다음 학기에는 좋은 성적을 기대해 봐도 괜찮겠지?"

그건 나도 잘 모르겠다. 단지 난 수학이 조금 좋아졌을 뿐인데, 이것만으로 성적이 정말 좋아질 수 있을까? 하지만 나는 씩씩하게 대답했다.

"그럼요. 더 열심히 공부할 거니까요. 그런데 무슨 일로 전화하셨어요?"

"무슨 일은. 이제 돌아와야지."

"돌아가다니요? 어디를요?"

"집이지 어디야. 다음 주부터는 학교를 가야잖니."

"네? 벌써요?"

"이 녀석이 날짜 가는 것도 모르고. 돈아 네가 박사님께 간 지 한 달이 지났어."

"한 달이요?"

나는 벽에 걸려 있는 달력을 보았다. 엄마의 말이 맞았다. 다음 주 월요일이 벌써 개학날이었다. 시간이 정말 빨리 갔다는 걸 새삼 깨달았다. 통화를 마치고 나는 계속 기분이 이상했다. 이제 이 심심한 산골생활이 끝나는구나 싶어 약간 기쁘기도 했지만 사실은 아쉽고 서운했다.

나는 비 오는 풍경을 바라보며 지난 한 달간의 기억을 떠올렸다. 우여곡절이 있기도 했지만, 이제 와 생각해보니 모든 게 즐거운 기억이었다. 그리고 그 추억들이 얼마나 소중한 것인지를 알게 되었다. 그래서인지 시간이 갈수록 이곳을 떠나고 싶지가 않았다.

"돈아야, 뭘 하고 있니?"

어느새 다가온 박사님이 맞은편 자리에 앉으며 말했다.

"그냥 비를 보고 있어요."

"집에 갈 생각을 하니 즐거운가 보구나."

"어떻게 아셨어요, 제가 집에 가는 걸?"

"내가 모르는 게 있겠냐?"

박사님은 싱긋 웃으며 말했다. 하지만 나는 전혀 웃을 기분이 아니어서 입을 굳게 다물었다.

"자아, 그럼 다시 여행을 떠나볼까?"

"무슨 소리세요, 박사님? 전 오늘 떠난다고요."

"그래, 안다."

"그런데 이 와중에 무슨 여행이에요?"

"스피노자가 말했지. '내일 지구의 종말이 온다 하더라도 나는 오늘 한 그루의 사과나무를 심겠다.' 지금 이 순간을 소홀히 한다면 더 나은 내일은 오지 않는다는 걸 명심해라."

박사님의 호통에 내가 시무룩해하자 박사님은 따뜻한 목소리로 다시 말했다.

"돈아야, 네겐 아직 시간이 많다. 언제든 오고 싶을 때 오면 된다. 여기서 나는 매소피아와 함께 기다리고 있을 테니까. 하지만 오늘의 공부는 오늘밖에 할 수 없는 거다. 알겠니?"

"네, 알겠어요. 어서 함께 여행을 떠나요, 박사님."

"그래, 좋다."

이성은 밝다

"매소피아!"

"네, 박사님!"

"아카데미아로 가자."

"네, 알겠습니다."

박사님의 말이 끝나자 조명이 어두워지면서 주변의 풍경이 바뀌기 시작했다. 그리고 잠시 후 천장이 없는 널찍한 공간에 박사님과 내가 앉아 있었다. 내가 앉아 있던 소파는 돌 의자로 바뀌었고, 원목책상 테이블은 커다란 원형의 돌 테이블로 변해 있었다.

"여긴 어딘가요?"

"여긴 플라톤이 연 학교의 토론장이란다."

"오늘은 누구를 만나는데요?"

"오늘은 네가 이제껏 여행하며 만난 사람들에 대한 이야기를 나눌 것이다. 너와 나만의 철학 여행인 셈이지."

"그런가요?"

"그동안 궁금했던 것들이 많이 있었겠지? 그런 이야기를 나누면서 정리를 해보자."

"박사님! 근데, 굳이 여기로 와야 했나요? 박사님과 저만 이야기할 거라면 연구실에서 해도 되는 거 아니었어요?"

박사님은 딱하다는 표정으로 나를 바라보며 대답했다.

"돈아야, 너는 참 낭만이 없구나. 주위를 둘러봐라. 얼마나 신기하냐? 여긴 고대의 그리스란 말이다. 딱딱한 연구실보다 이런 곳에서 사색을 하는 것이 백배, 천배 나을 거다."

"박사님 말씀이 맞아요. 돈아는 낭만도 없고 상상력도 부족해요."

매소피아가 놀리듯 말했다.

"알았어요, 알았어. 생각해보니 이곳이 훨씬 좋네요."

"그래, 그래. 찬찬히 이야기를 시작해보자."

박사님이 싱긋 웃었다. 나는 천천히 생각을 더듬었다. 어디서부터 이야기를 꺼내야 할지 솔직히 막막했다. 한동안 침묵이 흘렀다. 하지만 박사님은 아무 말도 하지 않고 그저 기다리고만 있었다. 어떻게든 내가 먼저 이야기를 꺼내길 바라는 눈치였다. 나는 어렵게 입을 떼기 시작했다.

"결국 수학이라는 건 삼단논법으로 '이것은 저것과 같고', '저것은 그것과 같고'와 같은 방식으로 '같다(=)'를 이어가다 마지막에 답을 구하는 게 맞나요?"

"그렇다고 볼 수 있다. 마찬가지로 생각도 결국 '같다'를 계속 이어가는 거다. 이성이란 '같다'는 것과 '같지 않다'를 구별하는 능력이다. 이성 없이는 간단한 삼단논법조차 전개할 수 없다. 물론 수학뿐만 아니라 일상생활에서도 사람들은 무의식적으로 그 일을 한다."

"맞아요. 평소 대화할 때나 심지어 말다툼에서도 무의식적으로 삼단논법을 사용해요. '나는 싫어하는 사람을 만나면 화가 난다. 나는 그 사람이 싫다. 그래서 나는 그 사람에게 화가 난다.' 이렇게요."

"'안다'는 것은 단순히 사실을 기억하는 것과는 다르다. 그 이유, 원인을 남에게 설명할 수 있어야 하기 때문이지. 이때도 삼단논법이 작용한다."

"박사님, 이제는 외부환경을 인식하고, 스스로 상황을 판단하여 자율적으로 동작하는 지능형 로봇(intelligent robots)까지 개발되었잖아요. 사람만이 생각을 할 수 있다는 주장은 더 이상 못하게 된 게 아닐까요?"

"사람이 입력한 프로그램에 따라 움직이던 산업용 로봇과 비교하자면 요즘 등장한 지능형 로봇은 정말 사람과 비슷하다고 할 수 있겠지."

"네, 최근의 로봇들은 정말이지 굉장하다고요! 스스로 생각해 미로의 길을 찾아내고, 주인의 건강상태를 체크해 병원에도 전화를 걸어요."

"아리스토텔레스가 삼단논법을 정리하고, 17세기 독일의 철학자 라이프니츠는 적당한 추론 규칙을 따르면 인간의 모든 생각을 표현할 수 있다고 생각했다. 19세기 영국의 수학자이자 논리학자인 조지 불(G. Boole, 1815~1864)은 참 또는 거짓의 여부를 판단하는 규칙을 정의하고, 이를 0과 1(on과 off)의 두 선택만 가능한 컴퓨터 수학을 개척했지. 이후 디지털 회로가 만들어졌고 인공지능과 생체공학, 신경회로, 퍼지이론, 음성화 화상인식 기술, 마이크로프로세서 등 이제까지 인류가 개발한 모든 기술이 합쳐져 지능형 로봇이 탄생했지. 바로 이 인간형 로봇이야말로 인간의 논리능력을 담고 있는 것이지."

"로봇도 직관을 할 수 있다는 말씀이세요?"

"아니다. 로봇은 비교하고, 논리적으로 실행하는 것만 가능하다. 논리와 직관은 정반대의 개념이다. 직관은 인간만이 가능해. 논리적인 과정 없이 얻은 명제인 거지. 평소의 훈련과 자신의 지식만으로 주관적인 판단을 하는 거야. 직관은 선입견이 개입되어 오류가 발생할 가능성이 많으므로 논리적인 검증이 필요해. 수학적 사고는 대부분 논리 이전에 일차적으로 직관을 통해 전부를 감지하고 그 결과는 논리적으로 검증되어야 한다."

"결국 로봇과 인간의 차이는 직관의 개입 여부인가요?"

"그래. 입력된 프로그램에는 논리 이외의 것은 전혀 없다. 하지만 인간은 논리를 펼치기 전에 답을 상상하여 직관할 수 있다."

"아리스토텔레스가 탈레스를 철학의 아버지로 평가했다고 그러셨잖아요. 현대에 와서도 그건 변함이 없고요."

"그래, 맞다."

"솔직히 말해 탈레스와 그 제자들의 자연철학이 그 후의 세상에 어떤 영향을 주었는지 정확히 모르겠어요."

"자연철학이 등장한 이후 가장 큰 변화는 신화적인 귀신, 유령과 같은 애매한 미신이 점점 사라졌다는 것이다. '신화적 사고(mythos)에서 과학적 사고(logos)'로의 진행이었던 거지. 이를 통해 사회는 미개에서 벗어날 수 있었다. 그 후 인류문명사는 또 한 번 중세에서 근세로 변했으며 '종교에서 과학으로의 비약'을 거쳐 현대문명의 길을 열었다. 18세기 헤겔은 '세계는 어떠한 우여곡절이 있을지라도 결국은 지성적으로 발전해간다'라고 말했는데, 그 바탕엔 바로 그리스적 로고스(logos)의 힘이 있었던 거지."

"이성의 등장이 미신을 밀어냈다는 건가요?"

"그렇지. 이성의 등장 이후 수학 분야에서도 '같다' 개념으로의 확장이 나타났다. 민간사회에서도 비슷한 일이 있었지. 기억하고 있지? 혼불이라는 거."

"네, 무덤 위에 떠오르는 불빛이요."

나는 기억을 더듬으며 대답했다.

"그래 맞다. 옛날 사람들은 인광을 혼불로 여겨 무서워했지만 과학적으로 원인이 설명되자 미신은 사라져 버렸다. 이성이 세상의 어둠을 걷어낸 것이다."

"미신은 이성의 빛이 못 미치는 어둠 속에서만 사는 거군요. 이성에도 불빛처럼 반짝거리는 게 있어야 하는 거겠죠?"

"빛이 없는 이성의 밤을 불안해하는 이유는 감각만으로는 현상을 합리적으로 설명하지 못하기 때문이다. 미신은 현상의 불합리한 모순의 어두움을 증폭시킬 뿐이지. 그리스의 대학자들이 이집트로 유학을 간 걸 보면

이집트의 문명 수준이 높았다는 걸 알 수 있지. 하지만 그리스인은 이집트인과는 달리 신을 개입시키거나 신에 의존하지 않고 독특한 이성의 빛, 논증의 정신(logos)만 존중했다."

"얼마나 이성을 믿었나요?"

"그리스에는 '설령 지옥에 빠져도 로고스를 믿는다'라는 말이 있다. 소크라테스가 '악법도 법이다. 따라야 한다'며 조용히 독배를 마셨던 것도 그 때문이고. 법은 신이 아닌 인간의 이성을 통해 만든 것이라고 믿었기 때문이다."

로고스의 배경

"로고스가 왜 대제국 이집트가 아닌 상대적으로 문명 수준이 낮았던 그리스에서 존중되었을까요?"

"이집트는 한 명의 왕 아래 국가가 운영되는 대제국이었다. 학자, 기술자들은 왕을 위해 세금을 걷으며 국민들 사이에 불평이 없도록 식량, 농토와 노역을 골고루 배분하는 일을 도맡았다. 백성들의 기술이나 지적 수준이 높아져도 자유롭게 의견을 내거나 토론할 수는 없었지. 이집트의 수학은 신관이 도맡아했고 누구에게도 문제의 답을 얻는 과정에 대해서는 설명할 필요가 없었다. 반면 그리스는 달랐지."

"그리스는 민주적이었던 거죠?"

"그렇지. 여러 도시국가가 공존했던 그리스의 정치는 토론을 통해 결정되었다. 때문에 남을 설득하기 위한 논리가 필요했지. 그리스의 신은 인간의 희로애락과 같은 감정도 고스란히 갖고 있었다. 인간처럼 사소한 걸로 싸우고 연애하고 질투하고. 또한 인간과 교류하며 수학문제를 가지고 지혜를 겨루기도 했다. 특히 진리에 대해서는 신과 사람이 함께 옳은 것으로 인정할 수 있어야만 진리로서 인정받았다. 모든 사람이 납득할 수 있어야만 했지. 그리스인들이 과학적 사고가 뛰어났던 건 머리가 좋아서가 아니라 논증(논리적으로 하는 증명)을 중요시했기 때문이다."

"박사님! 사실 저는 논리의 힘이 기술보다 왜 더 중요한지 아직도 잘 납득이 안 돼요."

"논리는 모순을 그대로 두지 않으며 모순에 부딪칠 때는 반드시 극복하는 길을 찾는다. 과학, 수학에 관한 대정리, 대법칙은 인류의 공통재산이다. 그것을 처음 발명한 사람은 분명 천재들이지만 아무리 어려운 대정리도 일단 증명되면 논증이 가능한 것이기에 평범한 사람들도 천재의 뒤를 따라 논리의 계단을 하나씩 오를 수 있다. 로고스 정신의 가장 위대한 점은 누구나 노력만 하면 이해할 수 있다는 데 있다."

"저도 할 수 있을까요?"

"물론이다. 너도 제대로 논리의 계단을 올라간다면 필즈상, 노벨상을 탄 수학자나 과학자들의 업적도 자연스레 이해할 수 있다."

"대대로 전해져 내려오는 맛의 비밀 같은 게 있지 않아요? 집안사람들만 아는 고추장의 비밀이라든가, 명주(名酒)의 비밀 같은 거요."

"그것과는 다르다. 그런 건 논리적으로 가능한 것이 아니니까. 기술에

는 기술자 개인의 노하우나 비법이 존재할 수 있다. 고려자기를 만드는 기술을 비롯한 많은 예술 솜씨가 끊어지는 이유는 거기엔 논리적인 공식이 없기 때문이다."

"수학은 논리적이기에 누구라도 배울 수 있고, 운동, 예술은 기술적이기에 소질이 없는 사람은 배우기 어렵다는 뜻인가요?"

"그렇다고 볼 수 있다. 수학은 로고스 하나면 통하지만 예술에는 말로 설명할 수 없는 고유의 미적 직감이 있다. 맛의 비밀을 논리적으로 설명할 수 있겠니?"

"없죠. 그렇지만 교과서에 실린 피타고라스 정리의 증명은 이해하기가 쉽지 않아요. 몇 번을 반복해서야 겨우 이해했다고요. 논리가 있어도 누구나 이해할 수 있는 건 아니에요."

"논리의 계단은 차근차근 올라야 한다. 'A→B, B→C, C→D…'처럼 말이지. 앞 계단에 제대로 발을 내딛지 않고 건너뛰려 하다가는 다음 계단에서 발을 헛디딜 수 있지."

"하지만 누군들 수포자가 되고 싶나요? 급하게 수학을 공부하다보니 하나하나 이해할 시간이 부족한 걸 어떡해요."

"계단의 어느 한 부분을 이해하지 못했다면 바로 그 전 단계로 내려가 다시 생각해야 한다. 한 단계씩 차례로 올라간다면 누구라도 가능한데, 어느 순간 계단을 무시하고 앞으로 나가기 때문에 헛발을 딛는 실수를 하는 거지."

"왜 계단을 무시하게 될까요?"

"이해하지 않고 암기하기 때문이지. 암기는 기술에 지나지 않는다. 기술만을 익히면 어느 정도까지는 올라갈 수 있다. 하지만 높이 올라갈수록 기초가 흔들려 떨어지기 쉬워지지. 그러다 바닥으로 다시 떨어지는 순간 수포자가 되기를 선택하는 것이다."

"논리적으로 계단을 차근차근 올라가라는 것은 기억이 아니라 이해하는 것이네요."

"논리적이라면 이해하지 못할 건 하늘 아래 어디에도 없다."

"한 계단씩 올라간다면 뉴턴의 미적분, 아인슈타인의 상대성 원리도 이해할 수 있다니 용기가 생기네요."

하지만 한편으로는 '어떻게 해야 하는 걸까?' 하는 답답함도 있었다. 내 마음을 눈치챘는지 박사님이 조용히 말했다.

"괜찮다, 돈아야. 조급해할 것 없다. 이제 겨우 첫걸음을 뗐을 뿐이다. 한 계단씩 올라가는 거다. 그런 마음으로 시작해야 해."

그래, 수포자가 되긴 싫으니까. 나는 다시 한 번 마음을 다잡았다. 할 수 있다고 생각하면 얼마든지 할 수 있다고.

그리스 정신과 『원론』

"그리스의 정신이 가장 두드러지게 드러나는 책은 바로 『원론』이다. 이 책을 빼놓고는 그리스 정신을 논하기가 힘들다."

"유클리드의 『원론』이요."

"그래. 『원론』은 이데아적으로 표현되어 있고 명확한 공리에 뒷받침된 점, 선 등에 대한 개념이 엄격한 논리로 전개되어 있다. 하나씩 정리를 증명할 때마다 진리의 탑에 한 발자국씩 가까워진다고 생각했을 것이다."

"이데아와 논리(로고스)가 결합했으니 틀림없는 진리라고 생각했던 건가요?"

"그렇다. 그리스인은 물체를 이데아화하고 논리로 본질을 밝힌다고 생각했으며, 나아가서는 그런 식으로 모든 대상의 본질, 진리를 유도할 수 있다고 생각했다. 그건 피타고라스가 말한 '만물은 수 또는 수학이다'의 사상, 즉 '수학만으로 모든 것을 알 수 있다'는 생각을 보다 구체적으로 일반화한 것이다."

"피타고라스와 유클리드, 둘이 어떻게 다른 건가요?"

"그러니까 유클리드는 무슨 학문이든 『원론』의 체계로 엮으면 틀림없이 그 분야의 진리의 탑을 세울 수 있다는 믿음을 가졌다. 피타고라스는 유클리드보다 약 250년 앞선 인물이다. 직각삼각형에 관한 피타고라스 정리 등 여러 중요한 정리를 발견했지. 특히 음악이론에서 현의 길이의 비가 음계의 비에 대응하는 것을 발견했고 유리수가 이 세상 모든 것을 상징하고, '모든 것이 유리수'인 것이라 직감했다. 실제로 모든 것을 유리수로 표시할 수는 없지만 이것이 그의 철학의 출발점이었다. 한편 유클리드는 피타고라스의 업적, 피타고라스의 정리, 비례론을 포함한 기하학을 완벽히 체계화했다."

무한의 세계

"유클리드의 점은 크기가 없다고 했으니까 0처럼 아무리 모아도 소용없지 않나요? '$0 \times 1,000 = 0$, $0 \times 100,000 = 0$'이잖아요."

"0과 무한소는 다르다. 무한소는 미적분의 기초개념이다. 가령 일정한 길이 100을 반으로 나누어 50, 50을 반으로 나누어 25, 다시 25를 반으로 나누어 12.5, … 이런 식으로 계속 절반으로 분할해도 0은 아니지. 즉 그것은 어떤 길이보다도 작아지는 것이라 할 수 있지만 길이가 아예 없어지는 것은 아니라는 거다. 다만 무한히 0에 가까워진다 하여 '무한소'라 할 뿐이다."

"그렇다면 눈에 보이는 먼지나 깨어진 유리 파편도 계속 무한소점까지 자르거나 혹은 역으로 다시 이어 붙일 수가 있다는 건가요? 불가능할 것 같은데요?"

"그래, 돈아 네 말대로 실제로는 무한소의 물리적 크기가 너무 작아 분할할 수 없다. 그러나 머릿속에서는 가능하다. 0.000001미터 길이를 육안으로는 볼 수 없겠지. 하지만 머릿속에서는 그 길이가 엄연히 존재한다."

"결국 믿어야 할 건 논리라는 말씀이지요?"

"물론이지. 수학은 그 믿음으로 존재한다. 중국의 역설가 공손룡은 '1척 (尺) 길이의 실을 매일 반씩 줄여나가면, 만년이 지나도 그 일은 끝나지 않을 것이다'라고 했다. 실제로 이런 식으로 1미터의 실을 자를 수 있겠니? 하지만 논리적으로는 1미터의 실에서 절반을 없애는 일을 계속 반복할 수 있다."

"첫째 날 $\frac{100}{2}\,cm$, 둘째 날 $\frac{100}{2^2}\,cm$, 셋째 날 $\frac{100}{2^3}\,cm$, 넷째 날 $\frac{100}{2^4}$ cm, …, n째 날 $\frac{100}{2^n}\,cm$…. 아휴, 이게 끝이 있기나 하나요?"

"실제로는 불가능하고 논리로만 가능한 것을 '사고실험'이라 한다. 14일 후에는 길이가 얼마나 되지?"

"계산해볼까요? 14일 후에는 $\frac{100}{2^{14}} = \frac{100}{16384} \fallingdotseq 0.006103(m)$. 대체 이게 무슨 소용이죠?"

"공손룡이나 그리스 제논의 역설은 무한소점을 '현실 세계'에서 보이도록 생각하게 했다는 공통점이 있다."

"현실에서 보이지 않는 것을 계산을 통해 보이는 것처럼 만든다는 얘긴가요?"

"그렇다. 제논의 두 번째 역설 '아킬레스는 거북이를 따라 잡을 수 없다'와 같은 명제를 중국의 명가 공손룡, 혜시 등도 주장했다. 거의 같은 시기에 지구의 정반대 지역에서도 비슷한 생각을 했던 사람이 있다는 사실이 꽤 흥미롭지 않니?"

"조금은요."

"그들은 날아오는 화살을 계속 보고 있으면 화살을 충분히 잡을 수 있다고 여겼지. 화살이 어떤 순간이든 어느 한 위치에 있다고 가정한다면 아무리 화살이 눈에 접근해도 이 둘 사이에는 거리가 있고, 그 거리에는 무한개의 점이 존재하지. 화살과 눈 사이에 있는 하나하나의 점을 화살은 지나가야 하고, 결국 화살은 눈까지 도달할 수 없다는 거다. 매일같이 화살의 위력을 보고 살았던 전국시대에 이런 생각을 했다는 사실 또한 신기하지. '생각이 화살을 고정시킨다'는 생각, 멋지지 않니?"

"머릿속에서는 날아가는 화살이 영원히 어딘가에 닿지 않을 수도 있다니, 신기하긴 하네요."

제논과 디오게네스

"그리스의 철학자 디오게네스(Diogenes, BC 412~BC 323)라는 인물이 있다."

"디오게네스요?"

"그래. 일부 사람들은 성미가 고약하고 누구에게나 거침없이 말하는 그를 개똥철학자이니 견유(犬儒)철학자 또는 미친 소크라테스라고도 불렀다. 그에 관한 유명한 일화가 있다. 멀리 페르시아와 인도에 걸친 대제국을 건설한 알렉산더 대왕이 그의 소문을 듣고 만나러 갔었다. 알렉산더 대왕이 찾아갔을 때 디오게네스는 조그만 통 속에 틀어박혀 있었지. 그의 비범함을 단번에 알아챈 알렉산더 대왕이 디오게네스에게 '그대의 소원 하나를 들어 주겠소. 원하는 걸 말하시오'라고 했지. 그러자 디오게네스는 '아무것도 필요 없소. 하나 있다면, 지금 당신이 햇빛을 가리고 있으니 비켜서 주셨으면 하오'라고 대답했단다."

"정말 괴짜네요."

"그래. 그런 디오게네스에게도 제논의 역설은 말도 안 되는 논리였기에 제논을 조롱했지.”

“논리적으로 반박이 가능했던 건가요?”

“아무 말 않고 제논 앞에 선을 그리고 그것을 몇 번이고 넘는 행동을 하며 얼마든지 정해진 지점에 갈 수 있음을 보여주었다.”

“논리로 설명해야 하는 것 아닌가요?”

“그렇게 하기 위해서는 그리스인의 ‘무한을 수학에 개입시키지 않아야 한다’는 생각을 극복하고 적극적으로 그것을 받아들여야 했다. 여기에서는 무한이 유한보다 높은 차원의 개념이며, 유한이 무한의 일부로 포함되는 철학이 필요하다.”

무한과 유한의 사이

“무한의 개념이 고대에도 존재했나요?”

“그렇지는 않다. 위대한 학자도 모든 걸 알진 못한다. 게다가 고대엔 무한에 관한 생각이 아예 없었고 대응할 개념도 없었고, 그리스인은 무한과 애매한 것을 구별하지 못했다.”

“그렇군요.”

“하지만 우리는 알고 있다. 일정한 선분 위에 무한개의 점이 있고 짧은 시간에도 무한개의 순간이 있다는 걸. 그뿐만이 아니지. 무한개의 점에서 유한개의 점을 빼도 언제나 무한개의 점이 남는다는 걸. 유한과 무한의 개념과 유사한 또 다른 ‘무한소, 무한대’라는 개념이 있다. 무한소는 작아져

가는 상태, 무한대는 커져가는 상태이다."

"둘 다 수가 아니란 건가요?"

"그렇지. 무한대와 무한소는 수가 아닌 움직이는 상태이다. 미국 천문학자 허블(Hubble, 1889~1953)은 '우주가 팽창하고 있다'는 사실을 발견했다."

"끝이 보이지 않는 우주가 점점 커지고 있다는 사실을 어떻게 알게 되었나요?"

"구급차가 사이렌을 울리며 나를 향해 달려올 때와 반대로 멀어질 때 그 소리가 어떻게 변하니?"

"다가올 때는 소리가 커지고, 멀어지면 작아지죠."

"그렇지. 그 현상의 원인은 구급차의 움직임에 따라 소리의 파장이 달라지기 때문이다. 도플러 효과(Doppler effect)라고 하는데 천체의 움직임에도 이런 효과가 생긴다. 별이 멀어지면 스펙트럼을 통과한 별빛은 붉은

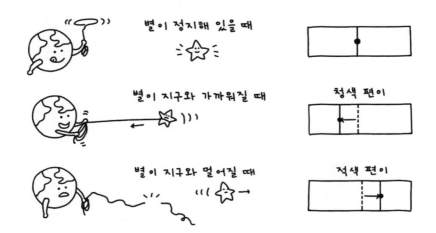

색 쪽으로 치우치고(적색 편이), 별이 가까워지면 별빛이 파란색 쪽으로 치우친다(청색 편이).

거대한 망원경으로 외부 은하를 관측하여 스펙트럼을 분석하던 허블은 모두 적색 편이 현상을 나타내는 사실을 보고 우주가 계속 팽창한다고 생각하게 되었지. 즉, 우주의 상태가 무한대라는 말이지."

"아, 정말 우주는 계속 커져가는 무한대 상태인 거네요."

"지금을 기준으로 시간을 거꾸로 돌려보자. 우주가 탄생했을 때는 어땠을까?"

"우주가 점점 작아지는 걸 상상하면, 아주 작은 상태인 무한소였지 않았을까요?"

"우주는 눈에 보이지 않는 먼지보다 작은 상태에서 시작해 지금도 움직이고 있다. 아무리 작은 원자(原子)라 할지라도, 또 아무리 큰 우주의 크기라 할지라도 보다 작거나 큰 것이 있을 수 있다. 진행 중인 무한대, 무한소를 일정한 자리에 고정시키면 당연히 모순이 생긴다. 유한한 크기의 자로 무한을 잴 수 없다는 걸 알아둬라."

"유한의 잣대로는 무한을 잴 수 없다!"

"『서유기』를 읽어본 적이 있니?"

"네. 그건 읽어봤어요."

"손오공이 구름을 타고 날아가도 결국은 부처님 손바닥을 벗어나지 못한 이야기가 나오지."

"네, 알아요."

"그건 바로 손오공의 운동 범위가 유한이고, 부처님의 손바닥은 무한이기 때문이다. 정리하자면 현실은 유한 세계이고, 논리는 무한의 세계를 넘나들 수 있다는 거지."

"유한과 무한, 이제야 이해가 되요."

라벨의 〈볼레로〉가 흘러나왔지만, 우리는 하던 이야기를 멈추지 않고 이야기를 이어나갔다.

중국의 논리학파

"당시 논리의 중요성은 그리스인만 생각해낸 특별한 거였나요?"

"그리스인이 유별난 민족이었던 건 부정할 수 없는 사실이지. 그러나 그리스인만 그런 생각을 한 건 아니다. 논리학파가 그리스에서 활약했던 무렵, 중국은 춘추전국시대였으며 믿을 수 있는 것은 인간의 힘, 즉 이성으로 생각하는 풍조가 팽배했지. 이때 많은 철학사상가가 나왔고, 이들 중에는 종횡가(논객)와 함께 '명가(名家)'로 불리는 논리학파가 있었다."

"혼돈의 시기에 철학이 융성한다더니 맞는 말이었네요."

"상대를 논리로 설득시키지 못하고 무력을 앞세울 때 전쟁이 발생한다. '전쟁철학'으로 유명한 독일의 클라우제비츠(Clausewitz, 1780~1831)는 '외교는 곧 설득이다'라고 말했다. 명가, 논리학파의 중심인물 공손룡(公孫龍, BC 320?~BC 250?)과 혜시(惠施, BC 370?~BC 309?) 등의 궤변(paradox, 역설)은 유명하다. 그들은 여러 역리로 당대 지식인들을 당혹하게 했는데, 그중에는 그리스의 것과 본질적으로는 같은 것도 포함되어 있다. 크기가 없는 무한소는 합할 수 없기에 아무리 더해도 크기는 영이다. 하지만 혜시의 '두께가 없는 것은 쌓아 올릴 수는 없으나 그 크기는 1,000리(里)에 이른다'는 말처럼 현실은 '티끌 모아 태산이 되고 펼치면 천릿길도 된다.' 머릿속으로 생각하는 무한소와 현실의 모순을 극복할 때 수학은 발전한다. 한마디로 수학은 모순을 먹고 자란다."

"왜 그토록 '원론, 원론' 하고 외치셨는지 알겠어요.『원론』이 수학뿐만 아니라 인류문명사의 거대한 금자탑이었군요."

중국의 역설가

"그런데 역사 속 역설가들에 대한 이야기는 많지 않은 것 같아요. 유명한 사람들도 몇 명밖에 되지 않는 것 같고.”

“사실 그들의 삶은 순탄치 않았다. 일반인들은 괴짜로만 보지만, 사회의 지배층들은 그들을 좋아하지 않았지.”

“어째서요?”

“지배층들의 눈에 역설가들의 역설적 논리는 바른 이치를 무시하여 사회의 질서를 어지럽히는 것으로만 보였으니까.”

“그래서 어떻게 됐는데요?”

“제논만 하더라도 왕의 명에 의해 처형되었다. 공손룡, 혜시처럼 유명한 역설가였던 등석이란 자도 정(鄭)나라의 재상 자산(子産)에 의해 죽임을 당했지. 공자는 자신을 사회질서를 바로 잡은 위대한 인물이라 치켜 올렸다. 현실만을 중시하는 권력자들이 이들의 역설을 얼마나 아니꼽게 여겼는지 알 수 있지.”

“안타깝네요. 그들은 자신들의 논리를 폈을 뿐인데 탄압을 당했군요.”

“시대를 잘못 타고났던 거지. 고대에는 동서양에서 모두 무한을 금기시했다.”

“그래도 동서양을 넘나들어 비슷한 시기에 비슷한 논리를 펴는 학자들이 나왔다는 건 다시 생각해봐도 신기해요.”

“그래. 네 말대로 그리스의 파르메니데스와 제논, 중국의 혜시, 공손룡이 주장하는 바는 거의 같다. 논리를 중요시하는 학자들이 그들의 역설에 대해 한 반응도 유사하지. 제논과 공손룡은 거의 같은 시기의 사람이었고, 그들이 활동할 때 그리스와 중국의 사상적 상황 역시 비슷했다.”

"어떻게 비슷했던 거죠?"

"당시 그리스에서는 황금시대의 문화를 꽃피운 철학자들이 학문을 이끌고 있었고, 중국은 제자백가(諸子百家, 백가의 철학학파)의 시대였다. 중국 사상의 황금시대였지. 하지만 이런 상황에서 동양과 서양은 극명하게 갈리게 된다."

"갈리다니요?"

"서양에서는 미해결문제는 반드시 극복해야 한다는 로고스 정신으로 제논의 논리를 타개하는 미적분이 발명되었으나 동양에서는 현실주의적 사고 때문에 전국시대 명가의 논리사상을 계승하지 못하고 끝내 미적분이 등장하지 않았다."

"수학 미적분이 제논의 논리를 타개했다는 건 무슨 뜻이죠?"

"무한소, 무한대를 수학에 적용시켰다는 뜻이다."

나는 잠시 생각한 뒤 다시 물었다.

"결국 논리에 또 다른 논리로 대응을 했다는 건가요?"

"그래. 서양에서 가장 중요하게 여긴 것이 바로 논리였다. 얘기했다시피 『성경』의 〈요한복음〉에도 로고스에 대한 구절이 나온다. '태초에 말씀이 계시니라. 이 말씀이 하나님과 함께 계셨으니, 이 말씀은 곧 하나님이시라.' 여기에서 '말씀'의 어원은 'logos'다. 독일의 대문호 괴테 역시 『파우스트』에서 'logos'를 말씀, 신, 이성, 이성, 믿음 그리고 업으로까지 생각했다. 다시 말해 논리를 문명의 기저로 생각한 거지."

제논 역설의 결말

"제논의 역설, 무한과 무한소, 이것들이 수학적 사고와 어떤 연관이 있는 거죠?"

나는 박사님께 물었다.

"오늘날 제논의 역설을 단순한 역설로만 여기는 수학자는 없다. 제논의 역설은 무한을 유한의 논리로 설명한다. 무한을 기호화하고 계산할 수 있도록 하여 무한과 유한이 공존할 수 있는 논리적 접근으로 인해 수학은 비약적인 발전을 할 수 있었다. 유한의 논리에만 매여 무한을 생각의 대상에서 배제해버린 그리스의 철학자, 수학자들은 제논의 역설을 극복하지 못했다."

"무한이라는 개념은 철학적 사고인 건가요?"

박사님은 고개를 끄덕이며 대답했다.

"무한은 신과 공통적인 면이 있다. 기독교는 신과 인간 사이에 예수그리스도를 개입시켜 분리되어 있던 신과 인간을 연결하여 신학적 논리를 완성한다. 수학이 논리와 하나가 되려면 무한의 철학이 개입되어야 하지. 이처럼 무한과 유한을 구분하지 못해서 발생한 모순을 극복한 것이 바로 해석학이란다."

"그러니까 제논의 역설에 대한 철학적 접근을 통해 수학의 개념이 등장했고 그것이 바로 해석학이라는 말씀이신 거예요?"

"그렇다."

"어렵네요."

"논리적으로 풀어보자. 그러면 이해가 쉽게 될 거다."

0으로 가는 무한소

"제논의 '아킬레스와 거북의 역설'을 알지?"

"네. 앞서 출발한 거북은 아킬레스가 달려온 것보다 항상 조금씩은 나아가기 때문에 결과적으로 아킬레스는 거북을 절대로 따라잡을 수 없다는 논리죠."

"그래. 자세하게 살펴볼까? 매소피아!"

"네, 박사님."

"그림을 띄워봐."

"네."

잠시 후 눈앞의 허공에 홀로그램처럼 아킬레스와 거북이 나타났다.

"자, 봐라. 아킬레스가 거북보다 $10m$ 뒤에서 출발하고 초당 $1m$를 뛰어가고, 거북은 초당 $50cm$를 기어간다고 가정하자. 얼마나 시간이 지나면 아킬레스는 거북을 따라잡을 수 있을까?"

"잠깐만요, 그러니까 1초가 지났을 때 아킬레스가 $1m$를 가고, 거북은 $10.5m$, 2초에는 아킬레스가 $2m$, 거북이 $11m$, 3초에는 아킬레스가 $3m$, 거북이 $11.5m\cdots$."

"그러다 한도 끝도 없겠다. 대수적인 식을 찾아내야지. 구해야 하는 시간을

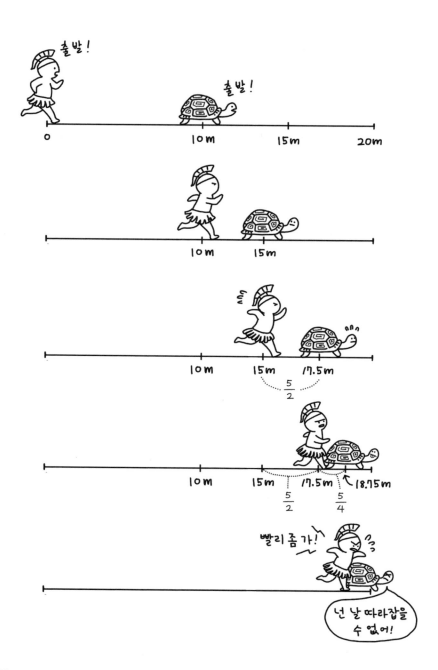

x로 가정해보자. 아킬레스가 1만큼 갈 때 거북이 0.5를 가고 따라잡아야 할 거리가 $10m$이니까, 대수적으로 표현해보면, $x-0.5x=10$으로 표현할 수 있겠지. 그렇다면, 아킬레스와 거북은 20초가 되었을 때 같은 지점에 있고 그 이후부터는 아킬레스가 거북을 앞서게 되지."

"이렇게 결과가 명확한데, 어떻게 제논은 아킬레스가 거북을 따라잡지 못할 거라는 논리를 펼 수 있었던 거죠?"

"제논의 논리를 검토해 보자.

1. 아킬레스가 처음 거북이 있던 $10m$까지 달리는 동안 거북은 그 절반인 $\frac{10}{2}m$를 달린다.

2. 아킬레스가 다시 거북이 있는 $5m$까지 달리는 동안 거북은 $\frac{5}{2}m$를 달린다.

3. 아킬레스가 다시 거북이 있는 $\frac{5}{2}m$까지 달리는 동안 거북은 $\frac{5}{4}m$를 더 달린다.

4. 아킬레스가 $\frac{5}{4}m$까지 달리는 동안 거북은 $\frac{5}{8}m$를 달린다. …

이런 식으로 계속 계산해나가다 보면, 아킬레스가 달린 거리의 합은 $10 \times (1+\frac{1}{2}+\frac{1}{4}+\frac{1}{8}+\frac{1}{16}+\cdots)$이 될 것이다. 하지만 아무리 $1+\frac{1}{2}+\frac{1}{4}+\frac{1}{8}+\frac{1}{16}+\cdots+\frac{1}{2^n}$을 계산하더라도 2가 될 수 없기에 제논은 아킬레스가 달려간 거리는 결코 $20m$가 될 수 없다고 했다."

"답답한 노릇이네요. 그냥 '$1+\frac{1}{2}+\frac{1}{4}+\frac{1}{8}+\frac{1}{16}+\cdots+\frac{1}{2^n}=2$'라고 하면 안 되는 건가요?"

"$1+\frac{1}{2}+\frac{1}{4}+\frac{1}{8}+\frac{1}{16}+\cdots+\frac{1}{2^n}$은 아무리 커도 2가 아니야. 네가 말한 걸

정확히 표현하면, $1+\frac{1}{2}+\frac{1}{4}+\frac{1}{8}+\frac{1}{16}+\cdots+\frac{1}{2^n}+\cdots=lim(1+\frac{1}{2}+\frac{1}{4}+\frac{1}{8}+\cdots)$에서 n이 무한히 커지면, 즉 무한대이면 괄호 안의 수의 합이 2가 된다는 거지."

"2에 가까워지는 것과 2는 다르다는 거군요."

"그렇지. 일반적으로 표현한다면, 'A에 얼마든지 가까워질 수 있는 것은 A로 한다'는 것이다. 극한 lim의 생각이 바로 그것이다. 그것이 유한과 무한의 연결점이다."

"그리스인은 무한을 생각하지 않았다고 하셨잖아요. 그렇다면 그리스 문화에서는 이러한 사고가 통용되지 않았겠네요?"

"그렇다. 무한은 무한의 개념(lim)을 적극적으로 수학에 도입한 근대 과학자들에 의해 정립되었다. 이후 '='의 의미도 달라졌지."

"어떻게요?"

"탈레스는 눈으로 봤을 때 완전히 겹치면 '='라 생각했다. 유클리드는 '머리에서 연역되는 결과'를 '='로 여겼고, 대수는 A−B=0일 때 A=B로 여겼다. 이들에겐 모두 동치율이 성립했지. 근대 수학자들은 일정한 수에 얼마든지 접근할 수 있는 수열은 그 수와 같은 것으로 보았다. 이때,

1. limA=limA

2. limA=limB $\Rightarrow$ limB=limA

3. limA=limB, limB=limC $\Rightarrow$ limA=limC

가 성립한다."

"*lim*는 동치율을 만족하는 거잖아요."

"그렇다. A와 B가 거의 같고 B와 C가 거의 같으면 A와 C가 거의 같다. 같다, 합동, 닮음(=, ≡, ∽)의 '여러 의미의 같다'를 생각하는 일이기도 했다. 무한 수학은 거의 같다를 뜻하는 lim까지 그 범위를 넓혔다. 수학이란 동치율이 성립하는 범위를 넓히는 학문이기도 하다. lim와 함수의 개념을 결합시킨 수학이 바로 해석학이다. 드디어 해석학은 그리스인이 금기시한 무한을 적극적으로 받아들였고 결과적으로 제논의 역설을 극복해냈다."

제논 역설의 본질

"제논이 말하는 역설의 본질은 시간의 개념에 귀착할 수 있다."

"잘 이해가 안 되는데요."

"시간은 변화이며 운동이다. 아킬레스와 거북의 움직임은 시간에 따라 위치가 달라진다. 제논은 일정한 시간에 무한의 순간이 있다는 전제에서 모순을 유도했던 거다. 하지만 순간이란 존재할까?"

"글쎄요. 존재하지 않을까요? 지금, 이 순간이 순간이잖아요."

"교부철학자 아우구스티누스(A. Augustinus, 354~430)의 『고백』이라는 책에는 다음의 구절이 있다. '누구나 시간에 대해서는 잘 알지만 시간이란 무엇이냐는 물음에 답할 수 있는 사람은 아무도 없을 것이다. 아무것도 지나가지 않는다면 과거는 없고, 아무것도 오지 않는다면 미래는 없다. 아무것도 없다면 지금도 없다.'"

"지금이라고 외치는 순간, 지금은 사라지는 거죠?"

"그렇지. 과거는 이미 없는 것이고 미래는 아직 오지 않았고 또 현재(순간)는 외치는 순간 지나가 버린다."

"결국 순간이란 없는 것과 마찬가지니, 화살이 시간의 흐름을 멈추게 하고 순간순간 어떤 위치에 정지한다는 제논의 역설은 모순일 수밖에 없는 거군요."

"그렇다고 할 수 있다."

나는 허공에 떠 있는 홀로그램을 바라보았다. 홀로그램 속에서 아킬레스는 여전히 거북의 뒤에 바짝 서서 달리고 있었다. 그 모습은 어딘지 우스꽝스러우면서도 묘한 기분을 느끼게 했다.

고대에서 근대로의 비약

"지금까지의 여행을 살펴보면 모든 철학과 수학의 출발엔 그리스가 있었어요. 하지만 고대 그리스의 철학과 수학은 지금 제가 배우는 것과는 거리가 있는 것 같아요."

"일반적으로 철학, 수학에 관해서는 데카르트 이후부터를 근대로 본다. 고대 그리스의 수학자들은 귀족 계층이었기 때문에 수학의 실용성을 경시하고, 수학을 진리로 바라보고 아름다운 대상이라고 여겼다. 한편 데카르트는 처음부터 현실을 대상으로 하는 대수학에 관심을 가졌다. 대수학은 그리스 수학처럼 정신을 훈련하는 것이 목적이 아니라 자연을 설명하기 위한 것이었다."

"대수학으로 자연을 설명한다!"

"초등수학부터 자연을 대상으로 하지. '5마리 새 중 2마리가 날아갔다. 개구리 100마리의 배꼽의 개수는 얼마인가?' 등 모두 자연현상을 추상화한 것이다. 적극적으로 내용을 받아들이고 증명하는 『원론』과는 반대로 조건을 분석하는 입장에서 출발했던 데카르트의 해석기하는 아름다움보다는 움직이는 것을 대상으로 하고, 기호와 식을 사용하여 변화의 구조를 적극적으로 밝히는 것이 목적이었다."

"결국엔 수학을 어떻게 바라보느냐에 따라 달라진 거군요."

"맞는 말이다. 그리스 수학자가 수학에서 이상적인 이데아를 감상하려 했다면 데카르트는 자연의 기계적인 구조를 대수적으로 기호화하고 계산을 통해 그 구조를 밝히고자 했다. 아름다움을 그대로 감상하는 것과 구조를 분석하고 운동을 밝히는 것은 다르지."

"그리스의 수학자들과 데카르트는 정반대의 길을 걸은 셈이네요."

"그것이 바로 고대와 근대의 차이다. 기계적으로 암기만 해왔던 이제까지의 너를 고대로 본다면, 철학을 공부하는 지금의 너는 근대라 할 수 있는 거지."

"저는 지금 고대에서 근대로 비약하고 있는 건가요?"

"그렇지. 정답이다!"

박사님은 나의 말이 대견했는지 한바탕 크게 웃으셨다. 덩달아 기분이 좋아진 나도 박사님을 따라 웃었다.

안녕 박사님! 안녕 매소피아!

어느덧 오후가 되었다. 나는 짐을 정리하고 방 안을 깨끗하게 청소했다. 그러고는 침대 끝에 걸터앉은 채 멍하니 창밖을 내다보고 있었다.

"내려오지 않고 뭐하고 있니? 엄마가 기다리신다."

언제 오셨는지 박사님이 문 앞에 서 있었다.

"막상 떠나려니 발이 안 떨어져요."

나는 솔직하게 대답했다.

"다행이구나. 정말."

"그게 무슨 말씀이세요. 박사님은 제가 빨리 가버렸으면 좋겠죠?"

내가 뿌루퉁한 얼굴로 흘겨보자 박사님이 웃으며 대답했다.

"그런 뜻이 아니라 돈아 네가 이곳을 좋아해주어서 고맙다는 뜻이다."

"처음엔 아니었지만, 지금은 여기가 좋아요. 박사님도 좋고, 저 바보 같은 매소피아도 좋고."

"나 매소피아는 너보다 천만 배는 똑똑해. 누구에게 바보래?"

매소피아가 화가 난 듯 소리쳤다.

"돈아야, 내가 말했잖니. 언제든 다시 오고 싶으면 와도 된다고. 돈아, 넌 해석기하, 미적분까지 그리고 무한의 철학으로 해석학의 기초를 다졌고 무엇보다 철학을 알게 되었다. 앞으로의 공부에 큰 도움이 될 거다."

나는 아무 대답도 하지 않고 다시 창밖을 쳐다보았다. 지난 한 달 동안의 일들이 영화필름처럼 지나쳐갔다. 생각해보니 하루하루가 즐겁고 신기하기만 했다.

"박사님. 전 솔직히 무서워요."

"뭐가 무섭지?"

"제가 혼자서 수학을 공부할 수 있을까요? 예전처럼 암기만 죽어라 하게 되면 어떡하죠? 아무것도 달라지지 않으면요? 전 또 수학꼴찌가 되는 건 아닐까요?"

"절대 그렇지 않을 거다. 내가 보증하마."

"어떻게 그렇게 확신할 수 있으세요?"

"넌 이미 철학이라는 학문에 빠졌으니까. 앞으로 너는 공부를 더 좋아하게 될 거고, 더 잘하게 될 거다."

"정말이에요? 정말 그거면 된 건가요?"

"명심해라, 돈아야. 학문에 있어서 끝이라는 건 없다. 네가 이곳에서 경험한 철학과 수학은 아주 일부에 불과하다. 네가 살아가면서 공부해야 할 게 무궁무진하게 남아 있다는 거다. 이런 걸 생각하면 어떤 기분이 들지?"

"막막하죠."

"그리고 또?"

나는 생각나는 대로 솔직히 대답했다.

"흥분되기도 해요. 또 어떤 게 있을까 궁금하기도 하고."

"그래. 그 마음을 잊지 않는다면, 넌 나보다 훨씬 더 대단한 철학자, 수학자가 될 수 있을 거다."

"그럴리가요, 박사님. 꼴찌만 면하면 다행이죠."

매소피아가 놀리듯 말했다. 발끈한 내가 소리쳤다.

"시끄러워 매소피아. 두고 봐. 내가 언젠가 네 녀석 콧대를 납작하게 해줄 테니까."

박사님과 나는 연구소 밖으로 나왔다. 엄마가 차 밖에서 손을 흔들고 있는 게 보였다.

"박사님, 저 또 올게요."

"그래, 돈아야. 잘 가렴. 언제든 오고."

"안녕 매소피아. 또 봐!"

"다음에도 꼴찌면 문도 안 열어줄 테니 각오해."

매소피아가 심술궂게 말했지만 나는 아무 대답도 하지 않았다. 매소피아에게도, 박사님에게도 하고 싶은 말이 많았다. 나에게 너무나 소중한 추억을 만들어줘서 고맙다고 말하고 싶었다. 하지만 다음을 위해 꾹 참기로 했다. 이제껏 수학꼴찌였지만 다음에 만날 때는 멋진 모습으로 박사님과 매소피아 앞에 서고 싶었다. 나는 그때 고맙다는 말을 하겠다고 속으로 결심했다. 그리고 사실 지금 그 말을 하고 나면 눈물이 날 것 같기도 해서였다. 나는 가방을 메고 힘차게 앞으로 뛰쳐나가며 외쳤다.

"안녕, 박사님! 안녕, 매소피아! 또 만나요!"

수학의 원리
철학으로 캐다

지은이 | 김용운

초판 1쇄 발행 | 2017년 2월 8일
초판 4쇄 발행 | 2024년 6월 10일

펴낸이 | 신난향
편집위원 | 박영배
펴낸곳 | (주)맥스교육(상수리)
출판등록 | 2011년 8월 17일(제2022-000038호)
주소 | 경기도 성남시 분당구 정자일로156번길 12, 1503호(정자동, 타임브릿지)
전화 | 02-589-5133 팩스 | 02-589-5088
블로그 | blog.naver.com/sangsuri_i 홈페이지 | www.maxedu.co.kr

기획·편집 | 김소연
본문 일러스트 | 이루비
영업·마케팅 | 배정아
경영지원 | 박윤정

ISBN 979-11-5571-449-2 43410

* 이 책의 내용을 일부 또는 전부를 재사용하려면 반드시 (주)맥스교육(상수리)의 동의를 얻어야 합니다.
* 잘못된 책은 구입한 곳에서 바꾸어 드립니다.

상수리는 독자 여러분의 귀한 원고를 기다리고 있습니다.
투고 원고는 이메일 contactus@snptime.com 으로 보내 주세요.